胶州湾主要污染物及其生态过程丛书

胶州湾主要污染物砷、锌、氰化物和挥发酚的分布及迁移过程

杨东方　陈　豫　著

科学出版社

北京

内 容 简 介

本书从时空变化等研究砷、锌、氰化物和挥发酚在胶州湾水域的分布和迁移过程。在空间和时间尺度上，通过每年砷、锌、氰化物和挥发酚的数据分析，从含量大小、水平分布、垂直分布和季节分布的角度，研究砷、锌、氰化物和挥发酚在胶州湾水域的来源、分布及迁移状况，揭示它们的时空迁移规律和趋势。这些规律和变化过程为研究砷、锌、氰化物和挥发酚在水体中的迁移提供了理论基础，也为其他重金属和有机物在水体中的迁移研究给予启迪。

本书适合海洋地质学、物理海洋学、环境学、化学、生物地球化学、海湾生态学和河口生态学的有关科学工作者参考，适合高等院校相关专业师生作为参考资料。

图书在版编目（CIP）数据

胶州湾主要污染物砷、锌、氰化物和挥发酚的分布及迁移过程/杨东方，陈豫著.—北京：科学出版社，2019.5
（胶州湾主要污染物及其生态过程丛书）
ISBN 978-7-03-061157-4

Ⅰ.①胶… Ⅱ.①杨… ②陈… Ⅲ.①黄海–海湾–重金属污染–研究 Ⅳ.①X55

中国版本图书馆 CIP 数据核字(2019)第 085901 号

责任编辑：马 俊 孙 青 /责任校对：严 娜
责任印制：吴兆东 /封面设计：刘新新

科 学 出 版 社 出版
北京东黄城根北街 16 号
邮政编码：100717
http://www.sciencep.com

北京虎彩文化传播有限公司 印刷
科学出版社发行 各地新华书店经销
*
2019 年 5 月第 一 版 开本：B5 (720×1000)
2019 年 5 月第一次印刷 印张：12 3/4
字数：257 000
定价：128.00 元
(如有印装质量问题，我社负责调换)

海洋的潮汐、海流对海洋将所有物质都带来带去，在奔波输送。然而，在海湾的湾口，水流的速度很快，却将一些物质隔离在湾外，不能使这些物质被带到湾内去。这个隔离过程使得湾口外侧和湾口内侧分别出现了物质含量的高值区和低值区。

杨东方

摘自 *The disjunction effect of marine bay mouth to Zn.*
Advances in Engineering Research, 2015, 45: 255-259.

作 者 简 介

杨东方　1984 年毕业于延安大学数学系（学士）；1989 年毕业于大连理工大学应用数学研究所（硕士），研究方向：Lenard 方程唯 n 极限环的充分条件、微分方程在经济管理生物方面的应用。

1999 年毕业于中国科学院青岛海洋研究所（博士），研究方向：营养盐硅、光和水温对浮游植物生长的影响，专业为海洋生物学和生态学；同年在青岛海洋大学化学化工学院和环境科学与工程研究院做博士后研究工作，研究方向：胶州湾浮游植物的生长过程的定量化初步研究。2001 年出站后到上海水产大学工作，主要从事海洋生态学、生物学和数学等学科教学以及海洋生态学和生物地球化学领域的研究。2001 年被国家海洋局北海分局监测中心聘为教授级高级工程师，2002 年被青岛海洋局一所聘为研究员。

2004 年 6 月被中文核心期刊《海洋科学》聘为编委。2005 年 7 月被中文核心期刊《海岸工程》聘为编委。2006 年 2 月被中文核心期刊《山地学报》聘为编委。2006 年 11 月被温州医学院聘为教授。2007 年 11 月被中国科学院生态环境研究中心聘为研究员。2008 年 4 月被浙江海洋学院聘为教授。2009 年 8 月被中国地理学会聘为环境变化专业委员会委员。2009 年 11 月，《中国期刊高被引指数》总结了 2008 年度学科高被引作者：海洋学(总被引频次/被引文章数) 杨东方(12/5)（www.ebiotrade.com）。2010 年，山东卫视对《胶州湾浮游植物的生态变化过程与地球生态系统的补充机制》和《海湾生态学》给予了书评（新书天天荐，齐鲁网视频中心）。2010 年获得浙江省高等学校科研成果奖三等奖（排名第 1 名），成果名"浮游植物的生态与地球生态系统的机制"。2011 年 12 月，被期刊《林业世界》聘为编委。2011 年 12 月，被新成立的浙江海洋学院生物地球化学研究所聘为该所所长。2012 年 11 月，被国家海洋局闽东海洋环境监测中心站聘为项目办主任。2013 年 3 月，被陕西理工学院聘为汉江学者。2013 年 11 月，被贵州民族大学聘为教授。2014 年 10 月，被中国海洋学会聘为军事海洋学专业委员会委员。2015 年 11 月，被陕西国际商贸学院聘为教授。2016 年 8 月，被西京学院聘为教授。在 2017 年 10 月被 AEIC 学术交流资讯中心聘为副主席和秘书长。在 2018 年 2 月被国家卫生计生委聘为专家。曾参加了国际 GLOBEC（全球海洋生态系统动态研究）研究计划中由十八个国家和地区联合进行的南海考察（海上历时三个月），以及国际 LOICZ（海岸带陆海相互作用研究）计划中在黄海东海的考察及国际 JGOFS（全球海洋通量联合研究）计划中在黄海东海的考察。多次参加了青岛胶州湾、烟台近海的海上调查及获取数据工作。参加了胶州湾等水域的生态系统动态过程和持续发展等课题的研究。

发表第一作者的论文 426 篇、第一作者的专著 76 部，授权第一作者的专利 27 项；作者的其他名次论文 51 篇。2019 年 3 月 2 日中国知网数据查到第一作者的论文 58 篇文章，一共被引用次数：1078 次。目前，正在进行西南喀斯特地区、胶州湾、浮山湾和长江口以及浙江近岸水域的生态学、环境学、经济学、生物地球化学、区域人口健康学和医药学的过程研究。

作者发表的本书主要相关文章

一、砷

[1]杨东方，宋文鹏，陈生涛，等. 胶州湾水域重金属砷的分布及含量. 海岸工程，2012, 31(4): 47- 55.

[2]杨东方，赵玉慧，卜志国，等. 胶州湾水域重金属砷的分布及迁移. 海洋开发与管理, 2014, 31(1): 109 -112.

[3]Yang Dongfang, Zhu Sixi, Wang Fengyou, et al. As sources in Jiaozhou Bay waters. Meterological and Environmental Research, 2014, 5(5): 24-26, 30.

[4]Yang Dongfang, Wang Fengyou, Zhu Sixi, et al. The influences of overland runoff, stream flow and marine current on As contents in Jiaozhou Bay waters. Advances in Computer Science Research, 2015: 1605-1608.

[5]Yang Dongfang, Zhu Sixi, Wang Fengyou, et al. Aggregation and divergent process of As in the bay mouth Jiaozhou Bay. Advances in Computer Science Research, 2015: 1761-1764.

[6]Yang Dongfang, Zhu Sixi, Wang Fengyou, et al. The influences of pollution sources on the vertical distributions of As in Jiaozhou Bay waters. Advances in Computer Science Research, 2015: 1770-1773.

二、锌

[1]Yang Dongfang, Zhu Sixi, Wang Fengyou, et al. Contents and sources of Zn in Jiaozhou Bay. Advanced Materials Research, 2015, 1092-1093: 1021-1024.

[2]Yang Dongfang, Chen Shengtao, Li Baolei, et al. Research on the distributions and migrations of Zn in marine bay. Advances in Intelligent Systems Research, 2015: 21-24.

[3]Yang Dongfang, Wang Fengyou, Zhu Sixi, et al. Impacts from human activities and natural background to Zn contents in Jiaozhou Bay. Advances in Engineering Research, 2015, 31: 1292-1296.

[4]Yang Dongfang, Yang Danfeng, Wang Fengyou, et al. The disjunction effect of marine bay mouth to Zn. Advances in Engineering Research, 2015, 45: 255-259.

[5]Yang Dongfang, Wang Fengyou, Zhu Sixi, et al. The vertical migration characterises of Zn in Jiaozhou Bay. Advances in Engineering Research, 2015, 45:

265-268.

三、氰化物

[1]Yang Dongfang, He Xinhuai, Gao Jie, et al. Transfer processes of cyanide in Jiaozhou Bay. Advanced Materials Research, 2015, 1092-1093: 992-995.

[2]Yang Dongfang, Yang Danfeng, Zhu Sixi, et al. A research on the vertical migration process and background value of cyanide in Jiaozhou Bay. Advances in Engineering Research, 2015: 422-426.

[3]Yang Dongfang, He Xinhuai, Gao Jie, et al. Pollution level and source of cyanide in Jiaozhou Bay, eastern China. Materials, Environmental and Biological Engineering, 2015: 40-43.

[4]Yang Dongfang, Zhu Sixi, Yang Danfeng, et al. The homogeneity of low cyanide conents in Jiaozhou Bay. Advances in Engineering Research, 2015, 45: 427-430.

[5]Yang Dongfang, Zhu Sixi, Long Mingzhong, et al. The trace input of cynade to Jiaozhou Bay. Advances in Engineering Research, 2015, 45: 260-264.

四、挥发酚

[1]Yang Dongfang, He Huazhong, Zhu Sixi, et al. Pollution level of volatile phenols in surface water in a bay in Shandong Province, eastern China. Materials, Environmental and Biological Engineering, 2015: 343-346.

[2]Yang Dongfang, He Xinhuai, Gao Jie, et al. Vertical distribution and sedimentation of volatile phenols in Jiaozhou Bay. Materials, Environmental and Biological Engineering, 2015: 1103-1106.

[3]Yang Dongfang, Wang Fengyou, Zhu Sixi, et al. Vertical distributions and seasonal variations of volatile phenols in Jiaozhou Bay. Advances in Computer Science Research, 2015: 1609-1613.

[4]Yang Dongfang, Yang Xiuqin, Wu Yunjie, et al. Sources and source strengths of volatile phenol in Jiaozhou Bay 1983. Advances in Engineering Research, 2015, 40: 782-786.

[5]Yang Dongfang, Zhu Sixi, Wu Yunjie, et al. Distribution and divergent process of volatile phenol in bottom waters in Jiaozhou Bay. Advances in Computer Science Research, 2015: 1600-1604.

前　言

在我国古代，常拿来用作毒药的砒霜就含有砷（As）。As 经常在农业和工业中大量使用，如化肥、除草剂等农业化工产品中就常含有 As。随着工农业的不断发展及人类生产生活水平的进一步提高，各种含 As 废物以各种形式留在陆地表面，造成 As 污染的进一步加剧，然后 As 通过地表径流和河流输送到海洋，对海洋水质产生重要影响。随着农业技术的发展，含 As 农业化工产品长期向环境排放和释放，如在田地里，农民大量使用含 As 的化肥、除草剂和其他农药等农用产品，进一步将 As 向土壤、水体和大气排放。As 经过水循环回归到水体中，通过地表径流和河流的输送，输送到海洋水体表层，然后，经过水体垂直迁移到达海底。在生物富集的作用下，As 的含量在环境中沿着食物链不断增长，给人类和生态环境带来了极大的危害。

锌（Zn）被广泛应用在工农业生产中，在陆地表面和河流输送下，它也引起了海洋水质的变化。Zn 广泛存在于水环境中，一方面，水环境中过量的 Zn 对水生生物有极大的副作用，严重威胁着环境和人体健康；另一方面，水环境中 Zn 的缺少，对水生生物的生长产生了极大的阻碍，对人体健康也有很大的影响。因此，研究近岸海洋水体中 Zn 的分布及季节变化，对 Zn 在水体环境中迁移过程的研究有着重要的意义。

氰化物被广泛应用于纤维合成、医药药品制备、杀虫剂制作、冶金及电镀等行业。环境中的氰化物可以通过呼吸道、消化道或者皮肤进入人体，氰化物的氰基与细胞色素氧化酶的含铁辅基（血红素 A）结合使之不能传递电子，导致整个呼吸链的电子传递无法进行，细胞的氧化代谢过程受阻，造成人体内缺氧，引起急性中毒。因此，对氰化物在环境中的生态过程的研究有重要意义。氰化钾、氰化钠等化合物在工农业生产中被广泛应用，这些化合物在生态传递过程中会泄露到空气里和土壤里，在陆地表面和河流输送下，引起海洋水质变化。高浓度的氰化物具有强毒性，能够通过食物链的传递，对人体健康造成危害。尽管氰化物在水环境中非常少，但也造成了河流和码头的轻微污染，引起海洋水质的变化。研究近海氰化物污染程度和污染源，对保护海洋环境、维持生态可持续发展有重要的帮助。

酚类化合物主要存在于焦化厂、煤气厂、石油炼厂和钢铁厂等的工业废水中。随着工业的迅速发展，这些含酚类化合物的工业废水被大量排放到陆地表面和河流中。酚类化合物属高毒性物质，严重威胁着环境和人体健康。人体长期饮用被酚污染的水可产生头晕、头痛、精神不安、食欲缺乏、呕吐和腹泻等症状。酚类化合物还在工农业产品中广泛存在，如干馏木材、合成纤维、染料、医药品、香料和农药等许多产品的生产过程中，都很可能产生含有挥发酚的废水，这些废水又最终汇入水体并进入海洋。因此，研究近岸海洋水体中挥发酚的来源及分布特征，对认识和治理挥发酚污染有重要意义。

随着工农业的迅猛发展，世界各国都存在长期地、广泛地和大量地使用含有As、Zn、氰化物和挥发酚产品的情况。生产、制造和使用这些产品的过程中，向环境排放了大量的As、Zn、氰化物和挥发酚。无论陆地、海洋，还是大气中都有As、Zn、氰化物和挥发酚的污染存在。由于As、Zn、氰化物和挥发酚及其化合物属于剧毒物质，给人类带来了许多疾病，甚至导致人的死亡。然而，As、Zn、氰化物和挥发酚又是我们日常生活中不可缺失的重要元素或化合物，它们被长期大量使用，又因为它们化学性质稳定，不易分解，长期残留于环境中，对环境和人类健康产生了持久的毒害。本书揭示的As、Zn、氰化物和挥发酚在胶州湾水体中的迁移规律、迁移过程和变化趋势等，为它们的研究提供了理论基础，也为消除和治理它们在环境中的残留提供了一定的理论依据。

本书获得西京学院学术著作出版基金、贵州民族大学博点建设文库、"喀斯特湿地生态监测研究特色重点实验室"（黔教合 KY 字[2012] 003 号）项目、贵州民族大学引进人才科研项目（[2014]02）、土地利用和气候变化对乌江径流的影响研究（黔教合 KY 字[2014] 266 号）、威宁草海浮游植物功能群与环境因子关系（黔科合 LH 字[2014] 7376 号）以及国家海洋局北海环境监测中心主任科研基金"长江口、胶州湾、浮山湾及其附近海域的生态变化过程"（05EMC16）的共同资助。

有关As、Zn、氰化物和挥发酚的研究还在进行中，本书仅为阶段性成果的总结，欠妥之处在所难免，恳请读者多多指正。希望读者能和作者一起努力，使祖国的海洋环境学研究、世界海洋环境学研究及地球环境学研究有所发展，作者将其感欣慰。

在各位同仁和老师的鼓励和帮助下，本书得以出版。作者铭感在心，谨致衷心感谢。

杨东方　陈　豫

2019 年 1 月 8 日

目　　录

前言
第1章　地表和河流对胶州湾水域 As 含量的影响……………………………1
 1.1　背景……………………………………………………………………1
  1.1.1　胶州湾自然环境……………………………………………………1
  1.1.2　材料与方法…………………………………………………………1
 1.2　含量及分布………………………………………………………………2
  1.2.1　含量大小……………………………………………………………2
  1.2.2　水平分布……………………………………………………………3
 1.3　迁移过程…………………………………………………………………5
  1.3.1　水质…………………………………………………………………5
  1.3.2　来源…………………………………………………………………5
  1.3.3　输入过程……………………………………………………………6
 1.4　结论………………………………………………………………………7
 参考文献………………………………………………………………………7
第2章　胶州湾水域 As 的高沉降区域及规律……………………………8
 2.1　背景………………………………………………………………………8
  2.1.1　胶州湾自然环境……………………………………………………8
  2.1.2　材料与方法…………………………………………………………8
 2.2　含量及分布………………………………………………………………9
  2.2.1　底层含量大小………………………………………………………9
  2.2.2　底层水平分布………………………………………………………9
 2.3　高沉降区域及规律………………………………………………………11
  2.3.1　水质…………………………………………………………………11
  2.3.2　高沉降的地方………………………………………………………11
  2.3.3　湾内的迁移过程……………………………………………………11
  2.3.4　湾口水域的含量变化………………………………………………12
 2.4　结论………………………………………………………………………13
 参考文献………………………………………………………………………13

第 3 章　胶州湾 As 含量的季节变化机制及模型框图⋯⋯⋯⋯⋯⋯⋯15

　3.1　背景⋯⋯⋯⋯⋯⋯⋯⋯⋯⋯⋯⋯⋯⋯⋯⋯⋯⋯⋯⋯⋯⋯⋯15

　　3.1.1　胶州湾自然环境⋯⋯⋯⋯⋯⋯⋯⋯⋯⋯⋯⋯⋯⋯⋯⋯15

　　3.1.2　材料与方法⋯⋯⋯⋯⋯⋯⋯⋯⋯⋯⋯⋯⋯⋯⋯⋯⋯⋯15

　3.2　As 的分布⋯⋯⋯⋯⋯⋯⋯⋯⋯⋯⋯⋯⋯⋯⋯⋯⋯⋯⋯⋯⋯16

　　3.2.1　表底层水体⋯⋯⋯⋯⋯⋯⋯⋯⋯⋯⋯⋯⋯⋯⋯⋯⋯⋯16

　　3.2.2　表层季节分布⋯⋯⋯⋯⋯⋯⋯⋯⋯⋯⋯⋯⋯⋯⋯⋯⋯16

　　3.2.3　底层季节分布⋯⋯⋯⋯⋯⋯⋯⋯⋯⋯⋯⋯⋯⋯⋯⋯⋯16

　　3.2.4　表底层变化范围⋯⋯⋯⋯⋯⋯⋯⋯⋯⋯⋯⋯⋯⋯⋯⋯17

　　3.2.5　表底层水平分布趋势⋯⋯⋯⋯⋯⋯⋯⋯⋯⋯⋯⋯⋯⋯17

　3.3　季节变化机制⋯⋯⋯⋯⋯⋯⋯⋯⋯⋯⋯⋯⋯⋯⋯⋯⋯⋯⋯17

　　3.3.1　沉降过程⋯⋯⋯⋯⋯⋯⋯⋯⋯⋯⋯⋯⋯⋯⋯⋯⋯⋯⋯17

　　3.3.2　季节变化过程⋯⋯⋯⋯⋯⋯⋯⋯⋯⋯⋯⋯⋯⋯⋯⋯⋯18

　　3.3.3　季节变化机制⋯⋯⋯⋯⋯⋯⋯⋯⋯⋯⋯⋯⋯⋯⋯⋯⋯18

　　3.3.4　变化沉降⋯⋯⋯⋯⋯⋯⋯⋯⋯⋯⋯⋯⋯⋯⋯⋯⋯⋯⋯19

　　3.3.5　空间沉降⋯⋯⋯⋯⋯⋯⋯⋯⋯⋯⋯⋯⋯⋯⋯⋯⋯⋯⋯20

　3.4　结论⋯⋯⋯⋯⋯⋯⋯⋯⋯⋯⋯⋯⋯⋯⋯⋯⋯⋯⋯⋯⋯⋯⋯20

　参考文献⋯⋯⋯⋯⋯⋯⋯⋯⋯⋯⋯⋯⋯⋯⋯⋯⋯⋯⋯⋯⋯⋯⋯21

第 4 章　As 的迁移模型及计算⋯⋯⋯⋯⋯⋯⋯⋯⋯⋯⋯⋯⋯⋯⋯23

　4.1　背景⋯⋯⋯⋯⋯⋯⋯⋯⋯⋯⋯⋯⋯⋯⋯⋯⋯⋯⋯⋯⋯⋯⋯23

　　4.1.1　胶州湾自然环境⋯⋯⋯⋯⋯⋯⋯⋯⋯⋯⋯⋯⋯⋯⋯⋯23

　　4.1.2　材料与方法⋯⋯⋯⋯⋯⋯⋯⋯⋯⋯⋯⋯⋯⋯⋯⋯⋯⋯23

　4.2　定义及公式⋯⋯⋯⋯⋯⋯⋯⋯⋯⋯⋯⋯⋯⋯⋯⋯⋯⋯⋯⋯24

　　4.2.1　水平物质含量变化的定义及公式⋯⋯⋯⋯⋯⋯⋯⋯24

　　4.2.2　垂直物质含量变化的定义及公式⋯⋯⋯⋯⋯⋯⋯⋯25

　　4.2.3　表层和底层的水平损失量⋯⋯⋯⋯⋯⋯⋯⋯⋯⋯⋯25

　　4.2.4　垂直稀释量和垂直积累量⋯⋯⋯⋯⋯⋯⋯⋯⋯⋯⋯26

　　4.2.5　表底层垂直变化⋯⋯⋯⋯⋯⋯⋯⋯⋯⋯⋯⋯⋯⋯⋯⋯26

　4.3　含量的计算⋯⋯⋯⋯⋯⋯⋯⋯⋯⋯⋯⋯⋯⋯⋯⋯⋯⋯⋯⋯27

　　4.3.1　物质含量变化⋯⋯⋯⋯⋯⋯⋯⋯⋯⋯⋯⋯⋯⋯⋯⋯⋯27

　　4.3.2　含量的水平和垂直变化⋯⋯⋯⋯⋯⋯⋯⋯⋯⋯⋯⋯27

　　4.3.3　湾口水域的水平损失量⋯⋯⋯⋯⋯⋯⋯⋯⋯⋯⋯⋯29

　　4.3.4　区域沉降⋯⋯⋯⋯⋯⋯⋯⋯⋯⋯⋯⋯⋯⋯⋯⋯⋯⋯⋯29

　4.4　结论⋯⋯⋯⋯⋯⋯⋯⋯⋯⋯⋯⋯⋯⋯⋯⋯⋯⋯⋯⋯⋯⋯⋯30

参考文献 31

第 5 章　地表和河流及胶州湾都没有受到 As 影响 32
5.1　背景 32
5.1.1　胶州湾自然环境 32
5.1.2　材料与方法 32
5.2　含量及分布 33
5.2.1　含量大小 33
5.2.2　表层水平分布 33
5.3　输入方式 36
5.3.1　水质 36
5.3.2　来源 37
5.3.3　陆地迁移过程 38
5.4　结论 39
参考文献 39

第 6 章　胶州湾表底层的高 As 含量区域具有一致性 41
6.1　背景 41
6.1.1　胶州湾自然环境 41
6.1.2　材料与方法 41
6.2　含量及分布 42
6.2.1　底层含量大小 42
6.2.2　底层水平分布 42
6.3　高含量区域 44
6.3.1　水质 44
6.3.2　高沉降的地方 44
6.3.3　水域迁移过程 44
6.4　结论 45
参考文献 45

第 7 章　胶州湾 As 的重力特性机制及沉降过程 47
7.1　背景 47
7.1.1　胶州湾自然环境 47
7.1.2　材料与方法 47
7.2　表底层分布及变化 48
7.2.1　表底层水体 48
7.2.2　表层季节分布 48

7.2.3 底层季节分布 ·· 48

7.2.4 表底层变化范围 ·· 49

7.2.5 表底层水平分布趋势 ·· 49

7.3 重力特性和机制 ·· 49

7.3.1 沉降过程 ·· 49

7.3.2 季节变化过程 ··· 50

7.3.3 重力特性 ·· 50

7.3.4 变化沉降 ·· 51

7.3.5 空间沉降 ·· 51

7.4 结论 ··· 51

参考文献 ·· 52

第8章 As 的近岸迁移模型及计算 ·· 53

8.1 背景 ··· 53

8.1.1 胶州湾自然环境 ·· 53

8.1.2 材料与方法 ··· 53

8.2 定义及公式 ··· 54

8.2.1 水平物质含量变化的定义及公式 ·· 54

8.2.2 垂直物质含量变化的定义及公式 ·· 54

8.2.3 表层和底层的水平损失量 ·· 55

8.2.4 垂直稀释量和垂直积累量 ·· 55

8.2.5 表底层垂直变化 ·· 56

8.3 含量的计算 ··· 56

8.3.1 物质含量变化 ··· 56

8.3.2 含量的水平和垂直变化 ·· 57

8.3.3 近岸水域的水平损失量 ·· 58

8.3.4 区域沉降 ·· 59

8.4 结论 ··· 60

参考文献 ·· 60

第9章 地表、海水和河流对胶州湾水域 As 含量的影响 ················ 62

9.1 背景 ··· 62

9.1.1 胶州湾自然环境 ·· 62

9.1.2 材料与方法 ··· 62

9.2 含量及分布 ··· 63

9.2.1 含量大小 ·· 63

9.2.2　表层水平分布 ··63

9.3　环境的影响 ···66

9.3.1　水质 ···66

9.3.2　来源 ···66

9.3.3　输入过程 ···67

9.4　结论 ···67

参考文献 ··68

第10章　胶州湾湾口水域 As 的聚集和发散过程 ·····················69

10.1　背景 ···69

10.1.1　胶州湾自然环境 ···69

10.1.2　材料与方法 ···69

10.2　含量及分布 ···70

10.2.1　底层含量大小 ···70

10.2.2　底层水平分布 ···70

10.3　聚集和发散过程 ···72

10.3.1　水质 ···72

10.3.2　湾口水域 ···72

10.3.3　聚集和发散过程 ···73

10.4　结论 ···73

参考文献 ··74

第11章　胶州湾水域 As 来源对垂直分布的影响 ·····················75

11.1　背景 ···75

11.1.1　胶州湾自然环境 ···75

11.1.2　材料与方法 ···75

11.2　表底层垂直变化 ···76

11.2.1　表层季节分布 ···76

11.2.2　底层季节分布 ···76

11.2.3　表底层水平分布趋势 ···76

11.2.4　表底层变化范围 ···77

11.2.5　表底层垂直变化 ···77

11.3　来源对垂直分布的影响 ···78

11.3.1　沉降过程 ···78

11.3.2　季节变化过程 ···78

11.3.3　垂直分布 ···78

    11.3.4   区域沉降 ·· 79

  11.4 结论 ··· 80

  参考文献 ·· 80

第 12 章　胶州湾水域 Zn 的来源 ······································ 82

  12.1 背景 ··· 82

    12.1.1   胶州湾自然环境 ··· 82

    12.1.2   材料与方法 ·· 82

  12.2 含量及分布 ··· 83

    12.2.1   含量大小 ··· 83

    12.2.2   表层水平分布 ·· 83

  12.3 水质及来源 ··· 86

    12.3.1   水质 ··· 86

    12.3.2   来源 ··· 86

  12.4 结论 ··· 87

  参考文献 ·· 87

第 13 章　胶州湾水域 Zn 的垂直分布 ······························ 88

  13.1 背景 ··· 88

    13.1.1   胶州湾自然环境 ··· 88

    13.1.2   材料与方法 ·· 88

  13.2 水平及垂直分布 ··· 89

    13.2.1   底层水平分布 ·· 89

    13.2.2   季节分布 ··· 91

    13.2.3   垂直分布 ··· 91

  13.3 降解过程 ··· 92

    13.3.1   季节变化过程 ·· 92

    13.3.2   降解过程 ··· 92

  13.4 结论 ··· 93

  参考文献 ·· 93

第 14 章　强烈关注海洋和陆地受到的 Zn 污染 ··············· 95

  14.1 背景 ··· 95

    14.1.1   胶州湾自然环境 ··· 95

    14.1.2   材料和方法 ·· 95

  14.2 含量及分布 ··· 96

    14.2.1   含量大小 ··· 96

14.2.2 表层水平分布 ···96

14.3 水质及来源 ···99

14.3.1 水质 ···99

14.3.2 来源 ···99

14.4 结论 ···100

参考文献 ···101

第15章 胶州湾湾口阻拦 Zn 的入侵及隔离性 ···········102

15.1 背景 ···102

15.1.1 胶州湾自然环境 ···································102

15.1.2 材料与方法 ···102

15.2 含量及分布 ···103

15.2.1 底层含量大小 ······································103

15.2.2 底层水平分布 ······································103

15.3 拦阻及隔离 ···106

15.3.1 水质 ···106

15.3.2 湾口的阻拦 ···107

15.3.3 隔离性过程 ···107

15.4 结论 ···108

参考文献 ···108

第16章 胶州湾水域 Zn 垂直迁移的特征及过程 ·········109

16.1 背景 ···109

16.1.1 胶州湾自然环境 ···································109

16.1.2 材料与方法 ···109

16.2 表底层分布 ···110

16.2.1 表层季节分布 ······································110

16.2.2 底层季节分布 ······································110

16.2.3 表底层水平分布趋势 ···························110

16.2.4 表底层变化范围 ···································111

16.2.5 表底层垂直变化 ···································111

16.3 垂直迁移特征及过程 ···································112

16.3.1 沉降过程 ···112

16.3.2 季节变化过程 ······································112

16.3.3 空间沉降 ···112

16.3.4 变化沉降 ···113

16.3.5 垂直沉降 ·· 113

16.3.6 区域沉降 ·· 114

16.4 结论 ·· 114

参考文献 ·· 115

第 17 章 胶州湾水域氰化物的来源 ·· 116

17.1 背景 ·· 116

17.1.1 胶州湾自然环境 ·· 116

17.1.2 材料与方法 ·· 116

17.2 含量及分布 ·· 117

17.2.1 含量大小 ··· 117

17.2.2 表层水平分布 ·· 117

17.3 水质及来源 ·· 119

17.3.1 水质 ·· 119

17.3.2 来源 ·· 120

17.4 结论 ·· 120

参考文献 ·· 120

第 18 章 胶州湾水域氰化物的垂直分布 ···································· 121

18.1 背景 ·· 121

18.1.1 胶州湾自然环境 ·· 121

18.1.2 材料和方法 ·· 121

18.2 底层分布 ··· 122

18.2.1 底层水平分布 ·· 122

18.2.2 季节分布 ··· 123

18.2.3 垂直分布 ··· 124

18.3 变化及降解过程 ·· 125

18.3.1 季节变化过程 ·· 125

18.3.2 降解过程 ··· 125

18.4 结论 ·· 126

参考文献 ·· 126

第 19 章 给胶州湾水体输送的微量氰化物 ································· 127

19.1 背景 ·· 127

19.1.1 胶州湾自然环境 ·· 127

19.1.2 材料和方法 ·· 127

19.2 含量及分布 ·· 128

19.2.1　含量大小 128
19.2.2　表层水平分布 128
19.3　水质及来源 130
19.3.1　水质 130
19.3.2　来源 131
19.4　结论 131
参考文献 132

第20章　胶州湾水域低含量氰化物的均匀性 133
20.1　背景 133
20.1.1　胶州湾自然环境 133
20.1.2　材料与方法 133
20.2　底层含量及分布 134
20.2.1　底层含量大小 134
20.2.2　底层水平分布 134
20.3　低含量的均匀性 136
20.3.1　水质 136
20.3.2　聚集和发散过程 137
20.3.3　均匀性过程 137
20.4　结论 137
参考文献 138

第21章　胶州湾水域氰化物垂直迁移过程及背景值 139
21.1　背景 139
21.1.1　胶州湾自然环境 139
21.1.2　材料和方法 139
21.2　表底层变化及趋势 140
21.2.1　表层季节分布 140
21.2.2　底层季节分布 140
21.2.3　表底层水平分布趋势 140
21.2.4　表底层变化范围 141
21.2.5　表底层垂直变化 141
21.3　垂直迁移过程及背景值 142
21.3.1　沉降过程 142
21.3.2　季节变化过程 142
21.3.3　空间沉降 143

21.3.4 变化沉降 ···143

21.3.5 垂直沉降 ···143

21.3.6 区域沉降 ···144

21.3.7 背景值 ···145

21.4 结论 ···145

参考文献 ··146

第 22 章 胶州湾水域挥发酚的来源 ·······················147

22.1 背景 ···147

22.1.1 胶州湾自然环境 ·································147

22.1.2 材料和方法 ·····································147

22.2 含量及分布 ··148

22.2.1 含量大小 ·······································148

22.2.2 表层水平分布 ···································148

22.3 水质及来源 ··151

22.3.1 水质 ···151

22.3.2 来源 ···151

22.4 结论 ···151

参考文献 ··152

第 23 章 胶州湾水域挥发酚的垂直分布 ···················153

23.1 背景 ···153

23.1.1 胶州湾自然环境 ·································153

23.1.2 材料与方法 ·····································153

23.2 分布的变化 ··154

23.2.1 底层水平分布 ···································154

23.2.2 季节分布 ·······································156

23.2.3 垂直分布 ·······································156

23.3 季节变化及迁移 ····································157

23.3.1 季节变化过程 ···································157

23.3.2 迁移过程 ·······································157

23.4 结论 ···158

参考文献 ··158

第 24 章 胶州湾水域挥发酚的各种来源及输入量 ···········160

24.1 背景 ···160

24.1.1 胶州湾自然环境 ·································160

24.1.2　材料与方法 ·· 160

24.2　含量及分布 ··· 161

24.2.1　含量大小 ·· 161

24.2.2　表层水平分布 ·· 161

24.3　水质及来源 ··· 164

24.3.1　水质 ·· 164

24.3.2　来源 ·· 164

24.4　结论 ·· 165

参考文献 ·· 165

第25章　胶州湾水域挥发酚的底层分布及发散过程 ···················· 166

25.1　背景 ·· 166

25.1.1　胶州湾自然环境 ·· 166

25.1.2　材料与方法 ·· 166

25.2　含量及分布 ··· 167

25.2.1　底层含量大小 ·· 167

25.2.2　底层水平分布 ·· 167

25.3　水质及来源 ··· 169

25.3.1　水质 ·· 169

25.3.2　发散过程 ·· 169

25.3.3　低值区 ·· 170

25.4　结论 ·· 170

参考文献 ·· 171

第26章　胶州湾水域挥发酚的垂直分布及季节变化 ···················· 172

26.1　背景 ·· 172

26.1.1　胶州湾自然环境 ·· 172

26.1.2　材料与方法 ·· 172

26.2　垂直分布及季节变化 ··· 173

26.2.1　表层季节分布 ·· 173

26.2.2　底层季节分布 ·· 173

26.2.3　表底层水平分布趋势 ·· 174

26.2.4　表底层变化范围 ·· 174

26.2.5　表底层垂直变化 ·· 174

26.3　沉降过程 ··· 175

26.3.1　季节变化过程 ·· 175

26.3.2 沉降过程 ··· 176

26.3.3 时间沉降 ··· 176

26.3.4 空间沉降 ··· 176

26.3.5 变化沉降 ··· 176

26.3.6 垂直沉降 ··· 177

26.3.7 区域沉降 ··· 177

26.4 结论 ··· 178

参考文献 ··· 178

致谢 ··· 180

第1章 地表和河流对胶州湾水域As含量的影响

1.1 背 景

1.1.1 胶州湾自然环境

胶州湾位于山东半岛南部，其地理位置为东经 120°04′～120°23′，北纬 35°58′～36°18′，以团岛与薛家岛连线为界，与黄海相通，面积约为 446km^2，平均水深约 7m，是一个典型的半封闭型海湾。胶州湾入海的河流有十几条，其中径流量和含沙量较大的为大沽河和洋河，青岛市区的海泊河、李村河和娄山河等均属季节性河流，河水水文特征有明显的季节性变化[1~5]。

1.1.2 材料与方法

本研究所使用的1981年4月和8月胶州湾水体As的调查资料由国家海洋局北海监测中心提供。4月和8月，在胶州湾水域设30个站位取表层、底层水样：A1、A2、A3、A4、A5、A6、A7、A8、B1、B2、B3、B4、B5、C1、C2、C3、C4、C5、C6、C7、C8、D1、D2、D3、D4、D5、D6、D7、D8和D9站（图1-1）。

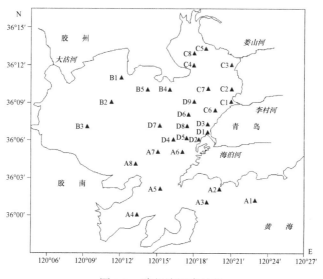

图 1-1 胶州湾调查站位

分别于1981年4月和8月3次进行取样，根据水深（＞10m 时取表层和底层，＜10m 时只取表层）进行调查采样。按照国家标准方法进行胶州湾水体 As 的调查，该方法被收录在国家的《海洋监测规范》（1991 年）中[6]。

1.2 含量及分布

1.2.1 含 量 大 小

4月，As 在胶州湾水体中的变化范围为 1.02～2.70μg/L（表 1-1），第一个高值区域出现在海泊河的入海口近岸水域，站位为 D1 和 D3。站位 D1 的 As 含量为最高（2.70μg/L），站位 D3 的 As 含量为第二高（2.36μg/L），符合国家一类海水的水质标准（20.00μg/L）。第二个高值区出现在李村河的入海口近岸水域，站位为 C1。站位 C1 的 As 含量高值为 2.00μg/L，符合国家一类海水的水质标准。第三个高值区出现在娄山河的入海口近岸水域，站位 C4。站位 C4 的 As 含量高值为 2.06μg/L，符合国家一类海水的水质标准。第四个高值区出现在东北部的湾底近岸水域，站位为 C8。站位 C8 的 As 含量高值为 2.06μg/L，符合国家一类海水的水质标准。在胶州湾的湾中心、湾西北、湾口和湾外水域，As 的含量相对比较低，符合国家一类海水的水质标准。

表 1-1　4 月和 8 月的胶州湾表层水质

项目	4 月	8 月
海水中 As 含量/（μg/L）	1.02～2.70	1.00～2.66
国家海水标准	一类海水	一类海水

8月，As 在胶州湾水体中的含量变化范围为 1.00～2.66μg/L（表 1-1），高值区域出现在海泊河的入海口近岸水域，站位为 D2、D3、D5、D6 和 D9。站位 D3 的 As 含量为最高（2.66μg/L），站位 D2、D5、D6 和 D9 的 As 含量高值为 2.02～2.60μg/L，符合国家一类海水的水质标准（20.00μg/L）。另一个高值区出现在李村河的入海口近岸水域，站位 C2 和 C6。站位 C2 和 C6 的 As 含量高值为 2.32～2.50μg/L，符合国家一类海水的水质标准。第三个高值区出现在娄山河的入海口近岸水域，站位 C4 和 C7。站位 C4 和 C7 的 As 含量高值为 2.02～2.20μg/L，符合国家一类海水的水质标准（20.00μg/L）。第四个高值区出现在北部的湾底近岸水域，站位为 B1。站位 B1 的 As 含量高值为 2.20μg/L，符合国家一类海水的水质标准。在胶州湾的湾中心、湾口和湾外水域，As 的含量相对比较低，符合国家一类海水的水质标准。

4 月和 8 月，As 在胶州湾水体中的含量范围为 1.00～2.70μg/L。这表明 4 月和 8 月胶州湾表层水质，在整个水域符合国家一类海水的水质标准（20.00μg/L）（表 1-1）。由于 As 在胶州湾整个水域的含量都远远小于 20.00μg/L，因此，在 As 含量方面，4 月和 8 月，在胶州湾整个水域，水质清洁，没有受到 As 的污染。

1.2.2　水 平 分 布

4 月，在胶州湾海泊河入海口的近岸水域 D1 站位，As 含量达到相对较高的 2.70μg/L，以海泊河入海口的近岸水域为中心形成了 As 的高含量区，形成了一系列不同梯度的半个同心圆。As 从中心的高含量（2.70μg/L）沿梯度递减到湾口水域的 1.68μg/L，到湾外水域的 1.26μg/L（图 1-2）。在李村河的入海口近岸水域 C1 站位，As 含量相对较高（2.00μg/L），以李村河入海口的近岸水域为中心形成了 As 的高含量区，形成了一系列不同梯度的半个同心圆。As 从中心的高含量（2.00μg/L）沿梯度向四周递减，到湾中心水域的 1.40μg/L，到西北部近岸水域的 1.04μg/L（图 1-2）。在娄山河的入海口近岸水域 C4 站位，As 含量相对较高

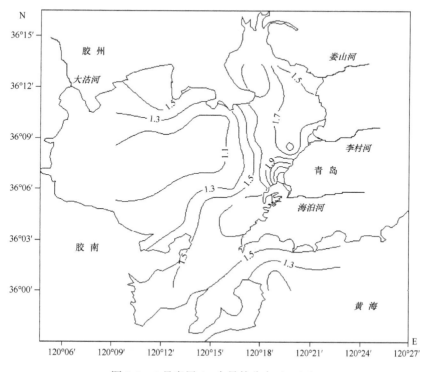

图 1-2　4 月表层 As 含量的分布（μg/L）

（2.06μg/L），以娄山河入海口的近岸水域为中心形成了 As 的高含量区，形成了一系列不同梯度的半个同心圆。As 从中心的高含量（2.06μg/L）沿梯度向四周递减，到湾中心水域的 1.40μg/L，到西南部的近岸水域的 1.26μg/L（图 1-2）。在东北部的湾底近岸水域 C8 站位，As 含量相对较高（2.06μg/L），以此近岸水域为中心形成了 As 的高含量区，形成了一系列不同梯度的半个同心圆。As 从中心的高含量（2.06μg/L）沿梯度向四周递减，到湾中心水域的 1.40μg/L，到西南部近岸水域的 1.26μg/L（图 1-2）。

8 月，在胶州湾海泊河入海口的近岸水域 D2、D3、D5、D6 和 D9 站位，As 含量相对较高（2.66μg/L），以海泊河入海口的近岸水域为中心形成了 As 的高含量区（2.02～2.60μg/L），形成了一系列不同梯度的半个同心的矩形。As 从中心的高含量（2.66μg/L）沿梯度递减到湾口水域的 1.32μg/L，到湾外水域的 1.12μg/L（图 1-3）。在李村河的入海口近岸水域 C2 和 C6 站位，As 的含量达到相对较高的 2.32～2.50μg/L，以李村河入海口的近岸水域为中心形成了 As 的高含量区，形成了一系列不同梯度的半个同心圆。As 从中心的高含量（2.32～2.50μg/L）沿梯度向四周递减，到湾中心水域的 1.96μg/L，到西南部近岸水域的 1.42μg/L（图 1-3）。在娄山河的入海口近岸水域 C4 和 C7 站位，As 含量达到相对较高的 2.02～2.20μg/L，以娄山河入海口的近岸水域为中心形成了 As 的高含量区，形成了一

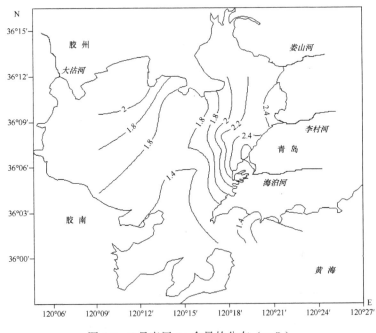

图 1-3　8 月表层 As 含量的分布（μg/L）

系列不同梯度的半个同心圆。As 从中心的高含量（2.02～2.20μg/L）沿梯度向四周递减，到湾中心水域的 1.96μg/L，到西南部近岸水域的 1.42μg/L（图 1-3）。在北部的湾底近岸水域 B1 站位，As 达到相对较高含量（2.20μg/L），以北部的湾底近岸水域为中心形成了 As 的高含量区，形成了一系列不同梯度的半个同心圆。As 从中心的高含量（2.20μg/L）沿梯度向四周递减，到西南部近岸水域的 1.42μg/L，到湾口水域的 1.32μg/L（图 1-3）。

因此，在胶州湾水域，As 有两个来源，主要来自地表径流的输送和河流的输送。而且，不同的河流和不同的地表径流在不同的时间下，给胶州湾输送的 As 含量也是不同的（表 1-2）。

表 1-2　胶州湾不同时间和位置输送的 As 含量　　　　（单位：μg/L）

月份　　不同来源和具体位置	河流的输送			地表径流的输送	
	海泊河	李村河	娄山河	东北部的湾底近岸	北部的湾底近岸
4 月	2.70	2.00	2.06	2.06	
8 月	2.02～2.60	2.32～2.50	2.02～2.20		2.20

1.3　迁移过程

1.3.1　水　质

4 月，As 在胶州湾水体中的含量变化范围为 1.02～2.70μg/L，在胶州湾海泊河、李村河和娄山河的入海口近岸水域以及东北部水域，As 含量比较高（2.00～2.70μg/L），该水域受到 As 的轻微影响。8 月，As 在胶州湾水体中的含量变化范围为 1.00～2.66μg/L，在胶州湾海泊河、李村河、娄山河的入海口近岸水域以及北部水域，As 含量比较高（2.02～2.66μg/L），该水域受到 As 的轻微影响。因此，4 月和 8 月，胶州湾海泊河、李村河和娄山河的入海口近岸水域以及东北部水域和北部水域 As 含量比较高，在胶州湾的湾中心、湾口和湾外水域，As 含量比较低。

1.3.2　来　源

4 月，在胶州湾东部和东北部的近岸水域，形成了 As 的高含量区，这表明 As 来自河流的输送，其含量为 2.00～2.70μg/L；在东北部的湾底近岸水域，形成了 As 的高含量区，其含量为 2.06μg/L。

8 月，在胶州湾东部和东北部的近岸水域，形成了 As 的高含量区，这表明

As 来自河流的输送，其含量为 2.02～2.66μg/L；在北部的湾底近岸水域，形成了 As 的高含量区，其含量为 2.20μg/L。

　　胶州湾水域 As 的来源是面来源，主要来自地表径流的输送和河流的输送；即使其来源不同，输送的 As 含量也比较接近（表 1-3）。河流输送的 As 含量变化范围将地表径流输送 As 含量范围包含，表明地表径流输送的 As 含量是河流输送的一部分。

表 1-3　胶州湾不同来源的 As 含量

不同来源	河流的输送	地表径流的输送
As 含量/（μg/L）	2.00～2.70	2.06～2.20

　　4 月，河流来源的 As 输入量变化范围为 2.00～2.70μg/L，8 月，河流来源的 As 输入量变化范围为 2.02～2.66μg/L。因此，4 月和 8 月，在胶州湾水体中，在不同的月份下，同一来源的 As 输入量是相近的。在不同的月份下，地表径流来源的 As 输入量变化范围为 2.06～2.20μg/L。在不同的月份下，河流来源的 As 输入量变化范围为 2.00～2.70μg/L。那么，在不同的月份下，向胶州湾水体输入 As 含量的变化范围为 2.00～2.70μg/L。虽然胶州湾两个来源是不同的，而且在不同的月份下，可是，它们的输入量的变化范围却是大体一致的（2.00～2.70μg/L）。

1.3.3　输　入　过　程

　　4 月和 8 月，胶州湾水域 As 有两个主要来源：地表径流的输送和河流的输送。

　　来自地表径流输送的 As 含量为 2.06～2.20μg/L，这表明在胶州湾的周围陆地受到了 As 的影响，造成了地表径流对胶州湾水域的最大影响。在地表，As 主要来源于农业，由于农业生产大量使用含有 As 的农药，As 大量残留到土壤中，于是，给胶州湾带来了大量的 As。

　　来自河流输送的 As 含量为 2.00～2.70μg/L，这表明河流输入 As 的含量是相对比较高的，说明排放的工业废水还是含有 As，需要进一步监测和限制。

　　无论地表径流的输送，还是陆地河流的输送，给胶州湾输送的 As 含量都远远小于国家一类海水的水质标准（20.00μg/L）。因此，地表径流和陆地河流还没有受到 As 的污染。然而，As 在地表残留和在河水中的含量需要引起密切的关注和强烈的警惕。

1.4　结　　论

4 月和 8 月，As 在胶州湾水体中的含量范围为 $1.00 \sim 2.70 \mu g/L$，都符合国家一类海水的水质标准（$20.00 \mu g/L$）。由于 As 在胶州湾整个水域含量都远远小于 $20.00 \mu g/L$，因此，在 As 含量方面，4 月和 8 月，在胶州湾整个水域，水质清洁，没有受到 As 的污染。胶州湾水域 As 的污染源是面污染源，As 的高含量区出现在许多不同区域：胶州湾东北部、东部和北部的近岸水域。这些水域的 As 高含量主要来自地表径流的输送（$2.06 \sim 2.20 \mu g/L$）、河流的输送（$2.00 \sim 2.70 \mu g/L$）。即使其来源不同，输送的 As 含量也相同。河流输送的 As 含量变化将地表径流输送的 As 含量所包含，表明地表径流输送的 As 是河流输送的一部分。因此，4 月和 8 月，胶州湾水体中，在不同的月份下，同一来源的 As 的输入量是相近的。虽然胶州湾两个来源是不同的，而且在不同的月份下，可是，它们的输入量的变化范围却是大体一致的（$2.00 \sim 2.70 \mu g/L$）。这表明在一年中的两个季节，不同的来源向胶州湾水域输送的 As 的含量是持续和稳定的。因此，虽然向胶州湾输送的 As 含量都远远小于国家一类海水的水质标准（$20.00 \mu g/L$），但地表径流和陆地河流输送的 As 含量相对较高且稳定，要引起人们的关注。

参 考 文 献

[1] 杨东方, 宋文鹏, 陈生涛, 等. 胶州湾水域重金属砷的分布及含量. 海岸工程, 2012, 31(4): 47-55.

[2] 杨东方, 赵玉慧, 卜志国, 等. 胶州湾水域重金属砷的分布及迁移. 海洋开发与管理, 2014, 31(1): 109-112.

[3] Yang D F, Zhu S X, Wang F Y, et al. As sources in Jiaozhou Bay waters. Meteorological and Environmental Research, 2014, 5(5): 24-26.

[4] Yang D F, Chen Y, Gao Z H, et al. Silicon limitation on primary production and its destiny in Jiaozhou Bay, China Ⅳ Transect offshore the coast with estuaries. Chinese Journal of Oceanology and Limnology, 2005, 23(1): 72-90.

[5] 杨东方, 王凡, 高振会, 等. 胶州湾浮游藻类生态现象. 海洋科学, 2004, 28(6): 71-74.

[6] 国家海洋局. 海洋监测规范. 北京: 海洋出版社, 1991.

第2章 胶州湾水域 As 的高沉降区域及规律

2.1 背 景

2.1.1 胶州湾自然环境

胶州湾位于山东半岛南部,其地理位置为东经 120°04′～120°23′,北纬 35°58′～36°18′,以团岛与薛家岛连线为界,与黄海相通,面积约为 446km²,平均水深约 7m,是一个典型的半封闭型海湾。胶州湾入海的河流有十几条,其中径流量和含沙量较大的为大沽河和洋河,青岛市区有海泊河、李村河和娄山河等,这些河流均属季节性河流,河水水文特征有明显的季节性变化[1~8]。

2.1.2 材料与方法

本研究所使用的 1981 年 4 月和 8 月胶州湾水体 As 的调查资料由国家海洋局北海监测中心提供。4 月和 8 月,在胶州湾水域设 9 个站位取表层、底层水样:A1、A2、A3、A5、A6、A7、A8、B5、D5 站(图 2-1)。分别于 1981 年 4 月

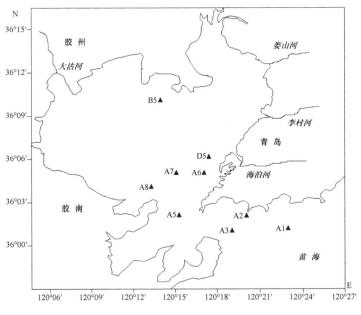

图 2-1 胶州湾调查站位

和 8 月 3 次进行取样,根据水深(>10m 时取表层和底层,<10m 时只取表层)进行调查采样。按照国家标准方法进行胶州湾水体 As 的调查,该方法被收录在国家的《海洋监测规范》(1991 年)中[9]。

2.2 含量及分布

2.2.1 底层含量大小

4 月和 8 月,在胶州湾的湾内、湾口和湾外的底层水域,As 含量的变化范围为 1.00~2.40μg/L,符合国家一类海水的水质标准(20.00μg/L)。4 月,胶州湾水域 As 的含量范围为 1.04~2.40μg/L,符合国家一类海水的水质标准。8 月,胶州湾水域 As 的含量范围为 1.00~1.80μg/L,符合国家一类海水的水质标准。因此,4 月和 8 月,As 含量在胶州湾水体中的变化范围为 1.00~2.40μg/L,符合国家一类海水的水质标准。这表明在 As 含量方面,4 月和 8 月,在胶州湾的湾内、湾口和湾外的底层水域,水体没有受到 As 的任何污染(表 2-1)。

表 2-1　4 月和 8 月的胶州湾底层水质

项目	4 月	8 月
海水中 As 含量/(μg/L)	1.04~2.40	1.00~1.80
国家海水标准	一类海水	一类海水

2.2.2 底层水平分布

4 月和 8 月,在胶州湾的底层水域,从湾口外侧到湾口,到湾口内侧,再到湾内海泊河的入海口近岸水域,再到湾底北部近岸水域。在胶州湾的湾口水域的这些站位:A1、A2、A3、A5、A6、A7、A8、D5、B5,As 含量有底层的调查。As 在底层的水平分布如下。

4 月,在胶州湾底层水域,从海泊河的入海口近岸到湾口内侧,再到湾口,再到湾口外侧。在胶州湾海泊河的入海口近岸水域 D5 站位,As 含量相对较高(2.40μg/L),以海泊河的入海口近岸水域为中心形成了 As 的高含量区,形成了一系列不同梯度的半个同心圆。As 从中心的高含量(2.40μg/L)沿梯度递减到湾口水域的 1.40μg/L,到湾外水域的 1.36μg/L(图 2-2)。

8 月,在胶州湾底层水域,从湾北部近岸到湾口内侧,到湾口,再到湾口外侧。在胶州湾湾北部近岸水域 B5 站位,As 含量相对较高(1.80μg/L),以湾北部近岸水域为中心形成了 As 的高含量区,形成了一系列不同梯度的平行线。As 从湾北部近岸水域的高含量(1.80μg/L)沿梯度递减到湾口水域的 1.44μg/L,到湾外水域的 1.10μg/L(图 2-3)。

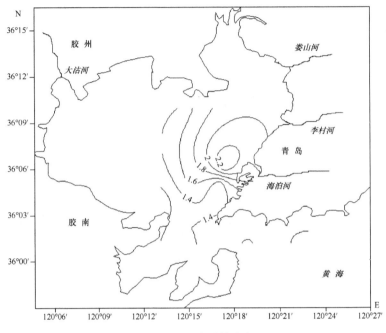

图 2-2 4 月底层 As 含量的分布（μg/L）

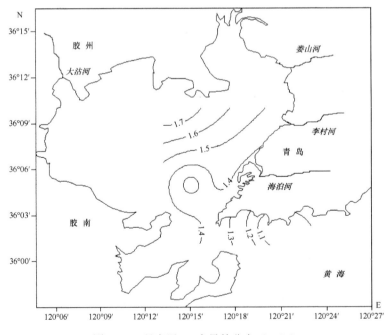

图 2-3 8 月底层 As 含量的分布（μg/L）

2.3　高沉降区域及规律

2.3.1　水　　质

在胶州湾水域，As 来自地表径流的输送、河流的输送。As 先来到水域的表层，然后，As 从表层穿过水体，来到底层。As 经过了垂直水体的效应作用[4~6]，其含量在胶州湾从湾内到湾外的底层水域变化范围为 1.00～2.40μg/L，这远远小于国家一类海水的水质标准（20.00μg/L）。展示了在 As 含量方面，在胶州湾从湾内到湾外的底层水域，水质清洁，没有受到 As 的污染。

2.3.2　高沉降的地方

4 月，在胶州湾的湾北部近岸、海泊河的入海口近岸、湾口内侧、湾口、湾口外侧的底层水域，As 含量范围为 1.04～2.40μg/L。从海泊河的入海口近岸，到湾口内侧，再到湾口，再到湾口外侧，As 含量沿梯度递减。展示了在海泊河的入海口近岸水域，As 含量呈现了高沉降（2.40μg/L）。

8 月，在胶州湾的湾北部近岸、海泊河的入海口近岸、湾口内侧、湾口、湾口外侧的底层水域，As 含量范围为 1.00～1.80μg/L。从湾北部近岸到湾口内侧，到湾口，再到湾口外侧，As 含量沿梯度递减。展示了在湾北部近岸水域，As 含量呈现了高沉降（1.80μg/L）。

因此，4 月和 8 月，在海泊河的入海口近岸水域和湾北部近岸水域，As 含量呈现了高沉降（1.80～2.40μg/L）。

2.3.3　湾内的迁移过程

4 月，在胶州湾东部近岸表层水域，有海泊河、李村河和娄山河。在海泊河的入海口近岸水域，As 来自海泊河的河流（2.70μg/L）。在李村河的入海口近岸水域，As 来自李村河的河流（2.00μg/L）。在娄山河的入海口近岸水域，As 来自娄山河的河流（2.06μg/L）。在东北部的湾底近岸水域，As 来自东北部湾底的地表径流（2.06μg/L）。在胶州湾海泊河、李村河和娄山河的入海口近岸水域以及东北部水域，As 含量比较高（2.00～2.70μg/L）。因此，4 月，在表层水域，胶州湾海泊河的入海口近岸水域 As 含量达到最高，于是，在垂直水体的效应作用 [4~6] 下，4 月，在底层水域，在海泊河的入海口近岸水域，As 呈现了高沉降（2.40μg/L）。

8 月，在胶州湾东部近岸表层水域，有海泊河、李村河和娄山河。在海泊河的入海口近岸水域，As 的来源是海泊河（2.02~2.60μg/L）。在李村河的入海口近岸水域，As 的来源是李村河（2.32~2.50μg/L）。在娄山河的入海口近岸水域，As 的来源是娄山河的河流，含量为 2.02~2.20μg/L。在北部的湾底近岸水域，As 的来源是东北部湾底的地表径流，含量为 2.20μg/L。在胶州湾海泊河、李村河和娄山河的入海口近岸水域以及北部水域，As 含量比较高（2.02~2.66μg/L）。因此，8 月，在表层水域，在胶州湾北部近岸水域，As 含量达到比较高（2.20μg/L），于是，在垂直水体的效应作用[4~6]下，在底层水域，在湾北部近岸水域，As 含量呈现了高沉降（1.80μg/L）。

在表层水域，As 的高含量区在胶州湾的近岸水域。在底层水域，As 的高含量区也在湾的近岸底层水域。这样，在垂直水体的效应作用[4~6]下，表层的 As 高含量区迅速地沉降到海底。这是由于湾周围近岸的地表径流和河流输送 As 含量为 2.00~2.70μg/L，相对比较高，于是，在沉降的过程中，在重力和河流的作用下，表层的 As 迅速地沉降到海底的近岸水域。这样，在胶州湾的近岸水域，表层水域 As 的高含量区的海底出现了相应的底层水域的高 As 含量区域（1.80~2.40μg/L）。

作者认为，As 的沉降规律：在任何时刻，As 先来到水域的表层，然后，As 从表层穿过水体，来到底层。As 经过了垂直水体的效应作用，迅速地沉降到海底。由于 As 的输送来源不同，表层水体 As 含量的高低值也不同，于是，As 的高沉降地方也不同。As 的输送来源决定了 As 的高沉降地方，不同来源就有不同的沉降地方。

2.3.4 湾口水域的含量变化

胶州湾水域的 As 有两个来源，主要是地表径流的输送和河流的输送。

4 月，在胶州湾的底层水域，从海泊河的入海口近岸到湾口内侧，到湾口，再到湾口外侧。As 含量从海泊河的入海口近岸水域的高含量区（2.40μg/L）向南部到湾口水域沿梯度递减为 1.40μg/L，再向东部到湾口外侧水域沿梯度递减为 1.36μg/L。那么，在胶州湾的湾口底层水域，As 含量由湾口内侧向东部到湾口外侧沿梯度递减，这揭示了当 As 从湾外穿过湾口水域时，As 含量就会降低。

8 月，在胶州湾的底层水域，从湾北部近岸到湾口内侧，到湾口，再到湾口外侧。As 含量从湾北部近岸水域的高含量区（1.80μg/L）向南部到湾口水域沿梯度递减为 1.44μg/L，再向东部到湾口外侧水域沿梯度递减为 1.10μg/L。那么，在胶州湾的湾口底层水域，As 含量由湾口内侧向东部到湾口外侧沿梯度递减，这揭示了当 As 从湾外穿过湾口水域时，As 含量就会降低。

在胶州湾的湾口底层水域，不论在任何时候，当 As 从湾内穿过湾口水域时，As 含量都会降低。这是因为在胶州湾，湾内海水经过湾口与外海海水交换，物质的浓度不断地降低[10]。因此，在胶州湾的湾口底层水域，不论在任何时候，物质含量穿过湾口水域都在沿梯度降低。

2.4　结　　论

4 月和 8 月，在胶州湾的湾内、湾口和湾外的底层水域，As 含量的变化范围为 1.00～2.40μg/L，都符合国家一类海水的水质标准（20.00μg/L），这表明海域没有受到人为的 As 污染。虽然 As 经过了垂直水体的效应作用，但在 As 含量方面，在胶州湾的湾内、湾口和湾外的底层水域，水质清洁，也没有受到污染。

4 月和 8 月，在表层水域，胶州湾海泊河、李村河、娄山河的入海口近岸水域以及东北部近岸水域和北部近岸水域 As 含量都比较高，在胶州湾东部、东北部和北部的近岸水域，形成了 As 的高含量区，都有来源向胶州湾水体提供 As。于是，在表层水域，胶州湾形成了 As 的高含量区，在垂直水体的效应作用下，在底层水域，也出现了相应 As 的高含量区域。4 月，在底层水域，在海泊河的入海口近岸水域，As 呈现了高沉降（2.40μg/L）。8 月，在底层水域，在湾北部近岸水域，也呈现了高沉降（1.80μg/L）。

湾周围近岸的地表径流和河流输送 As 含量为 2.00～2.70μg/L，相对比较高，于是，在沉降的过程中，在重力和河流的作用下，表层的 As 迅速地沉降到海底的近岸水域。这样，在胶州湾的近岸水域，表层水域 As 的高含量区的海底出现了相应的底层水域的高 As 含量区域（1.80～2.40μg/L）。

作者认为，As 的沉降规律：在任何时刻，As 先来到水域的表层，然后，As 从表层穿过水体，来到底层。As 经过了垂直水体的效应作用，迅速地沉降到海底。由于 As 的输送来源不同，表层水体 As 含量的高低值也不同，于是，As 的高沉降地方也不同。As 的输送来源决定了 As 的高沉降地点。因此，不同来源就有不同的沉降地方。4 月和 8 月，在胶州湾的湾口底层水域，当 As 从湾内穿过湾口水域时，As 含量就会降低。于是，在胶州湾的湾口底层水域，不论在任何时候，As 从湾内穿过湾口水域时，As 含量也都会降低。

参 考 文 献

[1] 杨东方, 宋文鹏, 陈生涛, 等. 胶州湾水域重金属砷的分布及含量. 海岸工程, 2012, 31(4): 47-55.

[2] 杨东方, 赵玉慧, 卜志国, 等. 胶州湾水域重金属砷的分布及迁移. 海洋开发与管理, 2014, 31(1): 109-112.

[3] Yang D F, Zhu S X, Wang F Y, et al. As sources in Jiaozhou Bay waters. Meteorological and Environmental Research, 2014, 5(5): 24-26.

[4] Yang D F, Wang F Y, He H Z, et al. Vertical water body effect of benzene hexachloride. Proceedings of the 2015 international symposium on computers and informatics, 2015: 2655-2660.

[5] Yang D F, Wang F Y, Zhao X L, et al. Horizontal waterbody effect of hexachlorocyclohexane. Sustainable Energy and Enviroment Protection, 2015: 191-195.

[6] Yang D F, Wang F Y, Yang X Q, et al. Water's effect of benzene hexachloride. Advances in Computer Science Research, 2015, 2352: 198-204.

[7] Yang D F, Chen Y, Gao Z H, et al. Silicon limitation on primary production and its destiny in Jiaozhou Bay, China Ⅳ Transect offshore the coast with estuaries. Chinese Journal of Oceanology and Limnology, 2005, 23(1): 72-90.

[8] 杨东方, 王凡, 高振会, 等. 胶州湾浮游藻类生态现象. 海洋科学, 2004, 28(6): 71-74.

[9] 国家海洋局. 海洋监测规范. 北京: 海洋出版社, 1991.

[10] 杨东方, 苗振清, 徐焕志, 等. 胶州湾海水交换的时间. 海洋环境科学, 2013, 32(3): 373-380.

第3章 胶州湾 As 含量的季节变化
机制及模型框图

3.1 背 景

3.1.1 胶州湾自然环境

胶州湾位于山东半岛南部，其地理位置为东经 120°04′～120°23′，北纬 35°58′～36°18′，以团岛与薛家岛连线为界，与黄海相通，面积约为446km^2，平均水深约 7m，是一个典型的半封闭型海湾。胶州湾入海的河流有十几条，其中径流量和含沙量较大的为大沽河和洋河，青岛市区有海泊河、李村河和娄山河等，这些河流均属季节性河流，河水水文特征有明显的季节性变化[1~8]。

3.1.2 材料与方法

本研究所使用的1981年4月和8月胶州湾水体 As 的调查资料由国家海洋局北海监测中心提供。4月和8月，在胶州湾水域设 9 个站位取表层、底层水样：A1、A2、A3、A5、A6、A7、A8、B5、D5 站（图 3-1）。分别于 1981 年 4 月

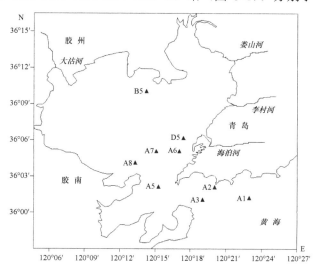

图 3-1 胶州湾调查站位

和 8 月 3 次进行取样，根据水深（＞10m 时取表层和底层，＜10m 时只取表层）进行调查采样。按照国家标准方法进行胶州湾水体 As 的调查，该方法被收录在国家的《海洋监测规范》（1991 年）中[9]。

3.2 As 的 分 布

3.2.1 表底层水体

在胶州湾从海泊河的入海口近岸水域到湾外水域，4 月，表层 As 含量为 1.04～1.88μg/L，其对应的底层含量为 1.04～2.40μg/L。这表明在胶州湾水域，从海泊河的入海口近岸到湾口内侧，到湾口，再到湾口外侧，从表层到底层，在整个胶州湾水体，表底层的 As 含量都小于 3.00μg/L，都符合国家一类海水的水质标准（20.00μg/L）。虽然 As 经过了垂直水体的效应作用，但在 As 含量方面，在胶州湾从海泊河的入海口近岸到湾外水域，水质清洁，也没有受到任何污染。

在胶州湾从湾北部近岸水域到湾外水域，8 月，表层 As 含量为 1.00～1.80μg/L，其对应的底层含量为 1.00～1.80μg/L。这表明在胶州湾从湾中心到湾外水域，从表层到底层，在整个湾口水体，表底层的 As 含量都大于 1.80μg/L，符合国家一类和二类海水的水质标准，水体受到 As 的轻度污染。

因此，4 月和 8 月，在胶州湾从湾内到湾外水域，从表层到底层，表底层的 As 含量都小于 3.00μg/L，符合国家一类海水的水质标准，水质清洁，没有受到 As 的污染。

3.2.2 表层季节分布

在胶州湾从湾内到湾外水域的表层水体中，4 月，水体中 As 的表层含量范围为 1.04～1.88μg/L；8 月，As 的表层含量范围为 1.00～1.80μg/L。这表明 4 月和 8 月，水体中 As 的表层含量范围变化比较接近 0.04～0.08μg/L。As 的表层含量由高到低依次为 4 月、8 月。故得到水体中 As 的表层含量由高到低的季节变化为：春季、夏季。

3.2.3 底层季节分布

在胶州湾从湾内到湾外水域的底层水体中，4 月，As 的底层含量范围为 1.04～2.40μg/L；8 月，As 的底层含量范围为 1.00～1.80μg/L。这表明 4 月和 8 月，水体中 As 的底层含量范围变化也比较接近 0.04～0.60μg/L，As 的底层含量由高到低依次为 4 月、7 月。因此，得到水体中 As 的底层含量由高到低的季节变化为：春季、夏季。

3.2.4　表底层变化范围

在胶州湾从湾内到湾外水域，4 月，表层含量（1.04～1.88μg/L）较高时，其对应的底层含量就较高（1.04～2.40μg/L）。8 月，表层含量（1.00～1.80μg/L）较低时，其对应的底层含量就较低（1.00～1.80μg/L）。而且，As 的表层含量变化范围（1.00～1.88μg/L）是小于底层的（1.00～2.40μg/L），变化量基本一样。因此，As 的表层含量比较高时，对应的底层含量就比较高；As 的表层含量比较低时，对应的底层含量就比较低。这展示了作者提出的垂直水体、水平水体的效应理论[4~7]。

3.2.5　表底层水平分布趋势

4 月，从海泊河的入海口近岸，到湾口内侧，再到湾口，再到湾口外侧，在表层水域，As 含量沿梯度降低，As 从 B5 水域的高含量区（1.88μg/L）到湾口水域沿梯度递减为 1.68μg/L，再到湾外水域沿梯度递减为 1.26μg/L。在底层，As 含量沿梯度降低，As 从湾口海泊河的入海口近岸水域的高含量区（2.40μg/L）到湾口水域沿梯度递减为 1.40μg/L，再到湾外水域沿梯度递减为 1.36μg/L。这表明表层、底层的水平分布趋势是一致的。

8 月，从湾北部近岸到湾口内侧，再到湾口，再到湾口外侧，在表层，As 含量沿梯度降低，As 从湾北部近岸水域的高含量区（1.42μg/L）到湾口水域沿梯度递减为 1.32μg/L，再到湾外水域沿梯度递减为 1.12μg/L。在底层，As 含量沿梯度降低，As 从湾中心水域的高含量区（1.80μg/L）到湾口水域沿梯度递减为 1.44μg/L，再到湾外水域沿梯度递减为 1.10μg/L。这表明表层、底层 As 含量的水平分布趋势是一致的。

4 月和 8 月，在胶州湾水域，从湾内到湾口，再到湾外的水体中，As 含量沿梯度降低，表层 As 含量的水平分布与底层的水平分布趋势是一致的。

3.3　季节变化机制

3.3.1　沉降过程

As 经过了垂直水体的效应作用[4~6]，穿过水体后发生了很大的变化。As 离子的亲水性强，易与海水中的浮游动植物以及浮游颗粒结合。春季到夏季，再到次年夏季，海洋生物开始大量繁殖，数量迅速增加[8]，且由于浮游生物的繁殖活动，悬浮颗粒物表面形成胶体，此时的吸附力最强，吸附了大量的 As 离子，并将其带入表层水体，又由于重力和水流的作用，As 不断地沉降到海底[1~6]。

3.3.2　季节变化过程

在胶州湾水域，从湾内到湾口，再到湾外的表层水体中，4 月，As 含量变化从较高值（1.88μg/L）开始，逐渐下降，到 8 月，As 含量达到较低值（1.80μg/L）。于是，As 的表层含量由高到低的季节变化为：春季、夏季。

在春季，As 来自地表径流和河流的双重输送，As 含量比较高。到了夏季，As 主要来自河流的输送，As 含量比较低。在胶州湾湾内水域的表层水体中，由于 As 离子被吸附于大量悬浮颗粒物表面，在重力和水流的作用下，As 不断地沉降到海底。As 经过了垂直水体、水平水体的效应[4~6]，迅速地、不断地沉降到海底。表层 As 的含量到达了海底得到了累积效应和稀释效应，展示了水体中底层的 As 含量由高到低的季节变化为：春季、夏季。于是，呈现了在胶州湾湾口水域的底层水体中，4 月，As 含量变化从高值（2.40μg/L）开始，然后开始下降，逐渐减少，到 8 月，As 含量达到低值（1.80μg/L）。于是，As 的底层含量由高到低的季节变化为：春季、夏季。

因此，4~8 月，表层 As 沉降到海底，展示了 As 在水体中的累积效应和稀释效应。这样，As 的表层含量的季节变化是按照地表径流和河流的输送变化，而对应的 As 底层含量的季节变化是按照垂直水体的累积效应和稀释效应的变化。

3.3.3　季节变化机制

在空间上，胶州湾是一个半封闭型海湾，在湾的西部、北部和东部都是陆地，而在湾的南部是胶州湾的湾口水域。从胶州湾的东部、东北部和北部的河口区以及其近岸水域，到胶州湾的湾口水域，水体中 As 的表层含量从高值降低到低值，展示了重金属 As 的重力特性，As 迅速沉降。在时间上，水体中 As 的表层含量范围变化非常大，As 的表层含量由高到低的月份依次为 4 月、8 月，As 的表层含量由高到低的季节变化为：春季、夏季，这也展示了重金属 As 的重力特性，As 迅速沉降。在垂直分布上，由于 As 的迅速沉降，4 月，在表层和底层具有同样的水平分布，湾内的高含量 As 扩展到湾外。胶州湾表层、底层水体中 As 含量的分布变化证实了 As 的水域迁移过程和水域迁移机制[1~6]。As 的沉降过程[1~6]表明 As

随河流或者地表径流入海后不易溶解，迅速由水相转入固相，在水体中，颗粒物质和生物体将 As 从表层带到底层，最终转入沉积物中。

人类活动向土壤排放 As，向水体排放 As，向大气排放 As。向大气排放的 As 通过颗粒沉降到土壤和水体。向大气和土壤排放的 As 通过水循环终将回归到水体中。因此，人类活动向水体、大气和土壤排放的 As 最终通过地表径流和河流到达海洋水体，经过水体效应沉降到海底（图 3-2）。

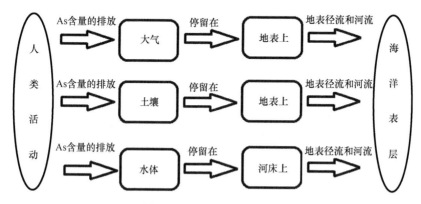

图 3-2　As 的陆地迁移机制

雨季结束时，人类向大气、土壤排放的 As 都停留在地表上，人类向水体排放的 As 也滞留在河床。在第一年的雨季结束后到第二年的雨季来临前，大概有 6 个月时间，As 都大量积累到地表和河床上。在第二年的春季，农民大量使用含有 As 的化肥、除草剂和农药等化工产品到田地里，进一步将 As 向土壤排放，向水体排放，向大气排放。最后，As 经过水循环终将回归到水体中（图 3-2）。

第二年雨季到来后，大量的雨水冲刷着地表，迅猛的河流冲刷着河床。这样，在春季，地表径流和河流携带了大量的 As，进入到海洋水体。于是，4 月，地表径流和河流输送到水体中 As 的含量在表层达到最高。

随着雨季的雨量增大，在地表和河床上 As 的积累逐渐减少，地表径流和河流携带的 As 在逐渐减少。这样，在夏季，地表径流和河流携带了少量的 As 进入海洋水体。于是，8 月，地表径流和河流输送到水体中的 As 在表层变少。由此可知，到秋季，地表径流和河流就会携带更少量的 As 进入海洋水体。于是，10～12 月，地表径流和河流输送到水体中的 As 在表层变得更少。

3.3.4　变 化 沉 降

变化尺度上，在胶州湾水域，从湾内到湾口，再到湾外的表层水体中，4 月和 8 月，As 含量在表层、底层的变化范围基本一样。As 的表层含量比较低时，对应的底层含量就比较低；As 的表层含量比较高时，对应的底层含量就比较高。这展示了 As 迅速地、不断地沉降到海底，导致 As 在表层、底层的含量变化保持一致性。As 的表层含量变化范围小于底层的，这展示了作者提出的垂直水体、水平水体以及水体的效应理论[4~6]。根据作者提出的垂直水体效应原理、水平水体效应原理以及水体效应原理[4~6]，As 含量的表层、底层变化揭示了垂直水体的累积效应。表层 As 的低含量到达海底时没有变化，表层 As 的高含量到达海底却产生了累积效应。因此，As 的表层含量变化范围（1.00~1.88μg/L）小于底层的（1.00~2.40μg/L），As 的表层含量的低值等于底层的，As 的表层含量的高值小于底层的。

3.3.5 空间沉降

4 月，As 来自地表径流和河流的输送，在胶州湾湾口内侧的表层水域，含量较高。表层 As 的水平分布与底层的水平分布趋势是一致的。在胶州湾的湾口水域的水体表层中，As 含量由内侧水域向湾口外侧水域沿梯度下降。As 离子被吸附于大量悬浮颗粒物表面，在重力和水流的作用下，迅速沉降到海底，导致了在水体底层中，胶州湾的湾口内侧水域 As 含量比较高，也呈现了从胶州湾的湾口内侧水域向湾口外侧水域沿梯度下降。

8 月，As 也来自地表径流和河流的输送，在胶州湾的湾口内侧的表层水域，含量较高。表层 As 的水平分布与底层的水平分布趋势是一致的。在胶州湾的湾口水域的水体表层中 As 含量由内侧水域向湾口外侧水域沿梯度下降。As 离子被吸附于大量悬浮颗粒物表面，在重力和水流的作用下，迅速沉降到海底。这样，导致了在水体底层中，胶州湾湾口内侧水域 As 含量比较高，也呈现了从胶州湾的湾口内侧水域向湾口外侧水域沿梯度下降。

因此，4 月和 8 月，在胶州湾水域，从湾内到湾口，再到湾外的水体中，As 含量沿梯度降低，表层 As 含量的水平分布与底层的水平分布趋势是一致的。这表明，不同时间的沉降都决定了 As 在表层、底层的含量水平分布趋势是一致的。

3.4 结　论

As 的表层含量由高到低的季节变化为：春季、夏季。这是 As 经过了垂直水体的效应作用，从表层水体不断地沉降到海底，导致表层的 As 到达海底从而产生的累积效应，展示了水体中底层的 As 由高到低的季节变化为：春季、夏季。

4~8 月，表层 As 沉降到海底展示了 As 在水体中的累积效应和稀释效应。As 表层含量的季节变化按照地表径流和河流的输送而变化，而对应的 As 底层含量的季节变化则是按照垂直水体的累积效应和稀释效应产生的变化。

变化尺度上，在胶州湾的湾内、湾口和湾外水域，4 月和 8 月，As 含量在表层、底层的变化量范围基本一样。As 迅速地、不断地沉降到海底，导致 As 含量在表层、底层含量变化保持了一致性。根据作者提出的垂直水体效应原理、水平水体效应原理以及水体效应原理，As 含量的表层、底层变化揭示了垂直水体的稀释效应。表层低含量的 As 到达海底时没有变化，表层高含量的 As 到达海底则产生了累积效应。As 的表层含量变化范围（1.00~1.88μg/L）小于底层的（1.00~2.40μg/L），As 的表层含量的低值等于底层的，As 的表层含量的高值则小于底层的。

空间尺度上，4 月和 8 月，在胶州湾水域，从湾内到湾口，再到湾外的水体中，As 含量沿梯度降低，表层 As 含量的水平分布与底层的水平分布趋势是一致的。这表明，不同时间的沉降所决定的 As 含量在表层、底层的水平分布趋势是一致的。

人类活动向水体、大气和土壤排放的 As 最终通过地表径流和河流到达海洋水体，经过水体效应沉降到海底。雨季结束时，人类向大气、土壤排放 As 都停留在地表上，人类向水体排放 As 也滞留在河床。在第一年的雨季结束后到第二年的雨季来临前，大概有 6 个月时间，As 都大量积累到地表和河床上。第二年的春季，农民大量使用含有 As 的化肥、除草剂和农药等化工产品到田地里，进一步将 As 向土壤排放，向水体排放，向大气排放。最后，As 大量积累到地表和河床上。第二年雨季到来后，大量的雨水冲刷着地表，迅猛的河流冲刷着河床。这样，在春季，地表径流和河流携带了大量的 As，进入到海洋水体。于是，在春季，地表径流和河流输送到水体中的 As 在表层含量达到最高。这是 As 含量季节变化的机制，也是 As 的陆地迁移机制。

参 考 文 献

[1] 杨东方, 宋文鹏, 陈生涛, 等. 胶州湾水域重金属砷的分布及含量. 海岸工程, 2012, 31(4): 47-55.

[2] 杨东方, 赵玉慧, 卜志国, 等. 胶州湾水域重金属砷的分布及迁移. 海洋开发与管理, 2014, 31(1): 109-112.

[3] Yang D F, Zhu S X, Wang F Y, et al. As sources in Jiaozhou Bay waters. Meteorological and Environmental Research, 2014, 5(5): 24-26.

[4] Yang D F, Wang F Y, He H Z, et al. Vertical water body effect of benzene hexachloride. Proceedings of the 2015 international symposium on computers and informatics, 2015: 2655-2660.

[5] Yang D F, Wang F Y, Zhao X L, et al. Horizontal waterbody effect of hexachlorocyclohexane. Sustainable Energy and Enviroment Protection, 2015: 191-195.

[6] Yang D F, Wang F Y, Yang X Q, et al. Water's effect of benzene hexachloride. Advances in Computer Science Research, 2015, 2352: 198-204.

[7] Yang D F, Chen Y, Gao Z H, et al. Silicon limitation on primary production and its destiny in Jiaozhou Bay, China IV Transect offshore the coast with estuaries. Chinese Journal of Oceanology and Limnology, 2005, 23(1): 72-90.

[8] 杨东方, 王凡, 高振会, 等. 胶州湾浮游藻类生态现象. 海洋科学, 2004, 28(6): 71-74.

[9] 国家海洋局. 海洋监测规范. 北京: 海洋出版社, 1991.

[10] 杨东方, 苗振清, 徐焕志, 等. 胶州湾海水交换的时间. 海洋环境科学, 2013, 32(3): 373-380.

第4章 As 的迁移模型及计算

4.1 背 景

4.1.1 胶州湾自然环境

胶州湾位于山东半岛南部，其地理位置为东经 120°04′～120°23′，北纬 35°58′～36°18′，以团岛与薛家岛连线为界，与黄海相通，面积约为 446km²，平均水深约 7m，是一个典型的半封闭型海湾。胶州湾入海的河流有十几条，其中径流量和含沙量较大的为大沽河和洋河，青岛市区的海泊河、李村河和娄山河等，这些河流均属季节性河流，河水水文特征有明显的季节性变化[1~8]。

4.1.2 材料与方法

本研究所使用的 1981 年 4 月和 8 月胶州湾水体 As 的调查资料由国家海洋局北海监测中心提供。4 月和 8 月，在胶州湾水域设 9 个站位取表层、底层水样：A1、A2、A3、A5、A6、A7、A8、B5、D5 站位（图 4-1）。分别于 1981 年 4 月

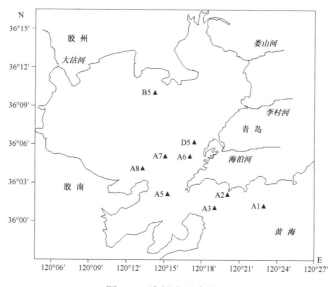

图 4-1 胶州湾调查站位

和 8 月 3 次进行取样，根据水深（＞10m 时取表层和底层，＜10m 时只取表层）进行调查采样。按照国家标准方法进行胶州湾水体 As 的调查，该方法被收录在国家的《海洋监测规范》（1991 年）中[9]。

4.2　定义及公式

在胶州湾，湾内海水经过湾口与外海水交换，物质的浓度不断地降低[10]。通过水交换，根据作者提出的物质含量的水平损失量、垂直稀释量和垂直积累量的定义及公式，计算得到物质含量的水平损失量（horizontal loss amount）、物质含量的垂直稀释量（vertical disputed amount）和垂直积累量（vertical sediment amount）。物质含量的水平损失量分为水平绝对损失量（absolutely horizontal loss amount）和水平相对损失量（relatively horizontal loss amount）。物质含量的垂直稀释量和垂直积累量分为垂直绝对稀释量和积累量（absolutely vertical disputed and sediment amounts）及垂直相对稀释量和积累量（relatively vertical disputed and sediment amounts）。

4.2.1　水平物质含量变化的定义及公式

在胶州湾的湾内、湾口和湾外的表层水域，假设在湾内水域物质（M）含量为 A，在湾口水域物质含量为 B，在湾外水域物质含量为 C。

从湾内水域到湾口水域，物质含量的水平绝对损失量为 $D>0$，物质含量的水平相对损失量为 E，当 $D<0$ 时，表示从湾口水域到湾内水域，物质含量的水平绝对损失量为 $-D>0$。

$$D=A-B, \qquad E=|A-B|/\max（A，B） \qquad (4\text{-}1)$$

从湾口水域到湾外水域，物质含量的水平绝对损失量为 $F>0$，物质含量的水平相对损失量为 G，当 $F<0$ 时，表示从湾外水域到湾口水域，物质含量的水平绝对损失量为 $-F>0$。

$$F=B-C, \qquad G=|B-C|/\max（B，C） \qquad (4\text{-}2)$$

在胶州湾的湾内、湾口和湾外的底层水域，假设在湾内水域物质含量为 a，在湾口水域物质含量为 b，在湾外水域物质含量为 c。

从湾内水域到湾口水域，物质含量的水平绝对损失量为 $d>0$，物质含量的水平相对损失量为 e，当 $d<0$ 时，表示从湾口水域到湾内水域，物质含量的水平绝对损失量为 $-d>0$。

$$d=a-b, \qquad e=|a-b|/\max（a，b） \qquad (4\text{-}3)$$

从湾口水域到湾外水域，物质含量的水平绝对损失量为 $f>0$，物质含量的水平相对损失量为 g，当 $f<0$ 时，表示从湾外水域到湾口水域，物质含量的水平绝对损失量为 $-f>0$。

$$f=b-c, \qquad g=|b-c|/\max(b, c) \qquad (4\text{-}4)$$

4.2.2　垂直物质含量变化的定义及公式

在胶州湾的湾内、湾口和湾外的水域，假设在湾内表层水域物质含量为 A，底层水域物质含量为 a。假设水域的站位为 n，从表层水域到底层水域，物质含量的垂直绝对稀释量为 $Vna>0$，物质含量的垂直相对稀释量为 Vnr，当 $Vna<0$ 时，表示物质含量的垂直绝对积累量为 $-Vna>0$，当 $Vna<0$ 时，物质含量的垂直相对积累量为 Vnr。

$$Vna=A-a, \qquad Vnr=|A-a|/\max(A, a) \qquad (4\text{-}5)$$

4.2.3　表层和底层的水平损失量

假设湾内水域到湾口水域简单指为从 A 到 B，湾口水域到湾外水域简单指为从 B 到 C。通过 As 含量的水平变化，揭示了 As 含量在表层和底层的水平损失量。

4 月和 8 月，在胶州湾湾内、湾口和湾外表层水域的水体中，从湾内水域到湾口水域，从湾口水域到湾外水域，水体中 As 的表层含量发生了很大的变化，通过式（4-1）和式（4-2），计算得到 As 表层含量的水平损失量（表 4-1）。

表 4-1　As 表层含量的水平损失量

从 A 到 B	D	E	$E/\%$
4 月	−0.14	0.0833	8.33
8 月	0.10	0.0704	7.04
从 B 到 C	F	G	$G/\%$
4 月	1.42	0.2500	25.00
8 月	0.20	0.1515	15.15

4 月和 8 月，在胶州湾湾内、湾口和湾外水域的底层水体中，从湾内水域到湾口水域，从湾口水域到湾外水域，水体中 As 的底层含量发生了很大的变化，通过式（4-3）和式（4-4），计算得到了 As 底层含量的水平损失量（表 4-2）。

表 4-2 As 底层含量的水平损失量

从 A 到 B	d	e	$e/\%$
4 月	1.00	0.4166	41.66
8 月	0.36	0.2000	20.00
从 B 到 C	f	g	$g/\%$
4 月	0.04	0.0285	2.85
8 月	0.34	0.2361	23.61

4.2.4 垂直稀释量和垂直积累量

通过 As 含量的垂直变化，揭示了 As 含量在表底层的垂直稀释量和垂直积累量。

4 月和 8 月，在胶州湾的湾内、湾口和湾外的水域，从表层到底层，水体中表底层的 As 含量都发生了很大的变化。通过式（4-5），计算得到了 As 底层含量的垂直稀释量和垂直积累量（表 4-3）。

表 4-3 As 表底层的垂直稀释量和垂直积累量

时间	水域	Vna	Vnr	$Vnr/\%$
4 月	湾内水域	−0.86	0.3583	35.83
	湾口水域	0.28	0.1666	16.66
	湾外水域	−0.10	0.0735	7.35
8 月	湾内水域	−0.38	0.2111	21.11
	湾口水域	−0.12	0.0833	8.33
	湾外水域	0.02	0.0178	1.78

4.2.5 表底层垂直变化

4 月和 8 月，在这些站位：A1、A2、A3、A5、A6、A7、A8、D5、B5，As 的表层、底层含量相减，其差为–0.86～0.62μg/L。这表明 As 的表层、底层含量相近。湾内北部近岸水域为 B5 站位，湾内海泊河的入海口近岸水域为 D5 站位，湾口内侧水域为 A6、A7 站位，湾内西南近岸水域为 A8 站位，湾口水域为 A5 站位，湾口外侧近岸水域为 A2 站位，湾口外侧水域为 A1、A3 站位。

4 月，As 的表层、底层含量差为–0.86～0.62μg/L。在湾口内侧水域 A6 站位、湾内西南近岸水域 A8 站位和湾口水域 A5 站位以及湾口外侧近岸水域 A2 站位都为正值。在湾内湾北部近岸水域 B5 站位、湾内海泊河的入海口近岸水域 D5 站位和湾口外侧水域 A1、A3 站位都为负值。在湾口内侧水域 A7 站位为零值。4 个站为正值，4 个站为负值，1 个站为零值（表 4-4）。

表 4-4 胶州湾的湾口水域 As 的表层、底层含量差

月份 站位	A1	A2	A3	A5	A6	A7	A8	D5	B5
4 月	负值	正值	负值	正值	正值	零值	正值	负值	负值
8 月	正值	零值	正值	负值	正值	正值	负值		负值

8 月，As 的表层、底层含量差为 –0.38～0.36μg/L。在湾口内侧水域，A6、A7 站位和湾口外侧水域 A1、A3 站位为正值。在湾口外侧近岸水域 A2 站位为零值。湾内西南近岸水域 A8 站位和湾口水域 A5 站位、湾内北部近岸水域 B5 站位为负值。4 个站为正值，1 个站为零值，3 个站为负值（表 4-4）。

4.3 含量的计算

4.3.1 物质含量变化

在迁移过程中物质含量发生了变化。根据作者提出的物质垂直水体效应原理和物质水平水体效应原理以及水体效应原理[4~6]，物质含量的水平变化揭示了水平水体的损失效应，表层、底层的变化揭示了垂直水体的累积效应和稀释效应。

4.3.2 含量的水平和垂直变化

4 月和 8 月，在胶州湾湾内、湾口和湾外的水域，从湾内水域到湾口水域，再到湾外水域，通过式（4-1）计算得到 As 表层含量的水平损失量（表 4-1）。通过式（4-2）计算得到 As 底层含量的水平损失量（表 4-2）。通过式（4-3）计算得到 As 表底层含量的垂直稀释量和垂直积累量（表 4-3）。

在湾内水域，As 的高含量来自地表径流和河流的输送。胶州湾的湾内、湾口和湾外的水域，在海湾的潮汐和海流作用下，As 含量沿梯度不断递减，As 从中心的高含量区到边缘的低含量区进行迁移。

4 月，从湾口水域到湾外水域，As 表层含量的水平损失量达到了最大（25.00%）。从湾内水域到湾口水域，As 底层含量的水平损失量达到了最大（41.66%）（图 4-2）。在 3 个水域：湾内水域、湾口水域和湾外水域，湾内水域和湾外水域的 As 表底层含量的垂直积累量比较高（7.35%～35.83%），在湾口水域，As 表底层含量的垂直稀释量比较高（16.66%）（图 4-2）。

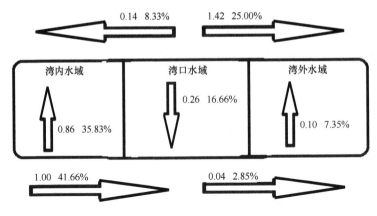

图 4-2　4 月 As 含量的水平及垂直变化的模型框图
图中除百分比数据外的其他数据的单位为μg/L

8 月，从湾口水域到湾外水域，As 表层含量的水平损失量达到了最大（15.15%）。从湾口水域到湾外水域，As 底层含量的水平损失量达到了最大（23.61%）（图 4-3）。在 3 个水域：湾内水域、湾口水域和湾外水域，湾内水域和湾口水域的 As 表底层含量的垂直积累量比较低（8.33%～21.11%），在湾外水域，As 表底层含量的垂直稀释量比较高（1.78%）（图 4-3）。

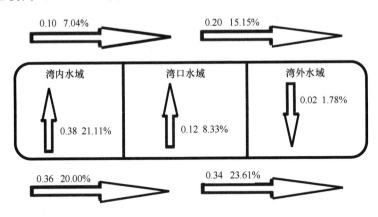

图 4-3　8 月 As 含量的水平及垂直变化的模型框图
图中除百分比数据外的其他数据的单位为μg/L

因此，4 月和 8 月，表层 As 含量的水平绝对损失量的变化范围为 0.10～1.42μg/L，表层 As 含量的水平相对损失量的变化范围为 7.04%～25.00%。底层 As 含量的水平绝对损失量的变化范围为 0.04～1.00μg/L，底层 As 含量的水平相对损失量的变化范围为 2.85%～41.66%。As 表底层含量都具有绝对垂直稀释量（0.02～0.28μg/L），其相对垂直稀释量为 1.78%～16.66%。As 表底层含量都具有绝对垂直积累量（0.10～0.86μg/L），其相对垂直积累量为7.35%～35.83%。

4.3.3　湾口水域的水平损失量

4 月，从湾内水域穿过湾口水域到湾外水域，As 表层含量的水平损失量达到了较低（8.33%～25.00%）。As 底层含量的水平损失量达到了较高（2.85%～41.66%）。因此，从湾内水域穿过湾口水域到湾外水域，As 表层含量的水平损失量比较低，As 底层含量的水平损失量比较高。

8 月，从湾内水域穿过湾口水域到湾外水域，As 表层含量的水平损失量达到了很低（8.04%～15.15%）。As 底层含量的水平损失量达到了较低（20.00%～23.61%）。因此，从湾内水域穿过湾口水域到湾外水域，As 表层含量的水平损失量比较低，As 底层含量的水平损失量比较高。

As 只要穿过湾口水域，从湾内水域或者湾外水域来看，无论在表层或者底层，都会在水平造成一定损失。As 含量的表层水平损失量比较低，As 含量的底层水平损失量比较高。

4.3.4　区　域　沉　降

区域尺度上，在胶州湾的湾口水域，随着时间的变化，As 的表层、底层含量相减，其差也发生了变化，这个差值表明了 As 含量在表层、底层的变化（表 4-4）。当 As 向胶州湾输入后，首先到表层，迅速地、不断地沉降到海底，呈现了 As 含量在表层、底层的变化（表 4-4）。

4 月，在湾内水域，As 来自地表径流和河流的输送，As 含量比较高的是入海口近岸水域到湾外水域。4 月，表层 As 含量为 1.04～1.88μg/L。在湾口内侧水域、湾内西南近岸水域、湾口水域以及湾口外侧近岸水域，都呈现了表层的 As 含量大于底层，而在湾内北部近岸水域、湾内海泊河的入海口近岸水域和湾口外侧水域，都呈现了表层的 As 含量小于底层。在湾口内侧水域，As 在表底层混合比较好，呈现了表层、底层的 As 含量是一致的。这表明整个湾口内侧水域的表层 As 都沉降到湾内北部近岸水域、湾内海泊河的入海口近岸水域和湾口外侧水域，就呈现了表层的 As 含量小于底层的。同时，整个湾内的表层 As 都延伸到湾口内侧、湾内西南近岸、湾口以及湾口外侧的近岸水域，就呈现了表层的 As 含量大于底层的。靠近地表径流和河流的来源附近水域有大量的沉降，远离这些来源的水域还没有来得及沉降。

8 月，在湾内水域，As 来自地表径流和河流的输送，As 含量比较高，为 1.00～1.80μg/L。因此，在湾口内侧水域和湾口外侧水域，呈现了表层的 As 含量大于底层的。在湾口外侧近岸水域，As 含量在表底层混合比较好，呈现了表层、底层的 As 含量是一致的。在湾内西南近岸水域、湾口水域、湾内北部近岸水域，就呈现了表层的 As 含量小于底层。

整个湾口内侧水域的表层 As 都沉降到湾内西南近岸水域、湾口水域、湾内湾北部近岸水域，就呈现了表层的 As 含量是小于底层的。同时，整个湾内的表层 As 含量都延伸到湾口内侧以及湾口外侧的近岸水域，就呈现了表层的 As 含量大于底层。靠近地表径流和河流的来源附近水域有大量的沉降，远离这些来源的水域还没有来得及沉降。

4 月和 8 月，当整个湾口内侧水域靠近地表径流和河流的来源附近的区域有大量的沉降，就造成了在来源附近水域表层的 As 含量小于底层的。当表层 As 延伸到远离这些来源的水域，As 还没有来得及沉降，就造成了表层的 As 含量大于底层的。来源提供的 As 在表层的迁移远近决定了表层、底层的 As 含量变化。

4.4　结　　论

根据作者提出的水平物质含量变化模型和垂直物质含量变化模型，计算得到 As 表底层含量的水平损失量、垂直稀释量和垂直积累量，确定了 As 含量的水平及垂直变化的模型框图。通过胶州湾的湾内、湾口和湾外水域 As 的表层、底层含量差，展示了 As 含量在表底层的垂直分布及沉降区域。4 月和 8 月，表层 As 含量的水平绝对损失量的变化范围为 0.10～1.42μg/L，表层 As 含量的水平相对损失量的变化范围为 7.04%～25.00%。底层 As 含量的水平绝对损失量的变化范围为 0.04～1.00μg/L，底层 As 含量的水平相对损失量的变化范围为 2.85%～41.66%。As 表底层含量都具有绝对垂直稀释量（0.02～0.28μg/L），其相对垂直稀释量为 1.78%～16.66%。As 表底层含量都具有绝对垂直积累量（0.10～0.86μg/L），其相对垂直积累量为 7.35%～35.83%。

4 月和 8 月，As 只要穿过湾口水域，无论从湾内水域或者从湾外水域，无论在表层或者底层，都会在水平造成一定损失。As 的表层含量水平损失量比较低，As 的底层含量水平损失量比较高。

4 月和 8 月，当整个湾口内侧水域提供的表层 As 靠近地表径流和河流的来源附近水域有大量的沉降时，就造成了在来源附近水域表层的 As 含量小于底层的。当表层 As 延伸到远离这些来源的水域，As 还没有来得及沉降，就造成了表层的 As 含量大于底层的。来源提供 As 在表层的迁移远近决定了表层、底层的 As 含量变化。

参 考 文 献

[1] 杨东方, 宋文鹏, 陈生涛, 等. 胶州湾水域重金属砷的分布及含量. 海岸工程, 2012, 31(4): 47-55.

[2] 杨东方, 赵玉慧, 卜志国, 等. 胶州湾水域重金属砷的分布及迁移. 海洋开发与管理, 2014, 31(1): 109-112.

[3] Yang D F, Zhu S X, Wang F Y, et al. As sources in Jiaozhou Bay waters. Meteorological and Environmental Research, 2014, 5(5): 24-26.

[4] Yang D F, Wang F Y, He H Z, et al. Vertical water body effect of benzene hexachloride. Proceedings of the 2015 international symposium on computers and informatics, 2015: 2655-2660.

[5] Yang D F, Wang F Y, Zhao X L, et al. Horizontal waterbody effect of hexachlorocyclohexane. Sustainable Energy and Enviroment Protection, 2015: 191-195.

[6] Yang D F, Wang F Y, Yang X Q, et al. Water's effect of benzene hexachloride. Advances in Computer Science Research, 2015, 2352: 198-204.

[7] Yang D F, Chen Y, Gao Z H, et al. Silicon limitation on primary production and its destiny in Jiaozhou Bay, China Ⅳ Transect offshore the coast with estuaries. Chinese Journal of Oceanology and Limnology, 2005, 23(1): 72-90.

[8] 杨东方, 王凡, 高振会, 等. 胶州湾浮游藻类生态现象. 海洋科学, 2004, 28(6): 71-74.

[9] 国家海洋局. 海洋监测规范. 北京: 海洋出版社, 1991.

[10] 杨东方, 苗振清, 徐焕志, 等. 胶州湾海水交换的时间. 海洋环境科学, 2013, 32(3): 373-380.

第5章　地表和河流及胶州湾都没有受到As影响

5.1　背　景

5.1.1　胶州湾自然环境

胶州湾位于山东半岛南部，其地理位置为东经120°04′～120°23′，北纬35°58′～36°18′，以团岛与薛家岛连线为界，与黄海相通，面积约为446km²，平均水深约7m，是一个典型的半封闭型海湾。胶州湾入海的河流有十几条，其中径流量和含沙量较大的为大沽河和洋河，青岛市区的海泊河、李村河和娄山河等，这些河流均属季节性河流，河水水文特征有明显的季节性变化[1~5]。

5.1.2　材料与方法

本研究所使用的1982年4月、6月、7月和10月胶州湾水体As的调查资料由国家海洋局北海监测中心提供。4月、7月和10月，在胶州湾水域设5个站位取水样：083、084、121、122、123；6月，在胶州湾水域设4个站位取水样：H37、H39、H40、H41（图5-1）。分别于1982年4月、6月、7月和10月4次进

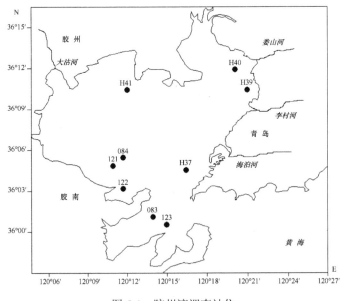

图 5-1　胶州湾调查站位

行取样，根据水深（＞10m 时取表层和底层，＜10m 时只取表层）进行调查采样。按照国家标准方法进行胶州湾水体 As 的调查，该方法被收录在国家的《海洋监测规范》（1991 年）中[6]。

5.2　含量及分布

5.2.1　含　量　大　小

4 月、6 月、7 月和 10 月，胶州湾西南沿岸水域 As 含量范围为 0.22～2.80μg/L。4 月，As 含量在胶州湾水体中的变化范围为 0.22～0.33μg/L（表 5-1），高值区域出现在西南中心水域，084 站位的 As 含量为最高（0.33μg/L），符合国家一类海水的水质标准（20.00μg/L）。7 月，As 含量在胶州湾水体中的变化范围为 0.36～2.80μg/L，高值区域出现在西南近岸水域，122 站位的 As 含量为最高（2.80μg/L），符合国家一类海水的水质标准。10 月，As 含量在胶州湾水体中的变化范围为 0.58～1.62μg/L，高值区域出现在湾口水域，123 站位的 As 含量为最高 1.62μg/L，符合国家一类海水的水质标准。6 月，胶州湾东部沿岸水域 As 的含量范围为 1.07～2.52μg/L，高值区域出现在娄山河的入海口近岸水域，H40 站位的 As 含量最高（2.52μg/L），符合国家一类海水的水质标准。

表 5-1　4 月、6 月、7 月和 10 月的胶州湾表层水质

项目	4 月	6 月	7 月	10 月
海水 As 含量/（μg/L）	0.22～0.33	1.07～2.52	0.36～2.80	0.58～1.62
国家海水标准	一类海水	一类海水	一类海水	一类海水

4 月、6 月、7 月和 10 月，As 在胶州湾水体中的含量范围为 0.22～2.80μg/L，都没有超过国家一类海水的水质标准。这表明 4 月、6 月、7 月和 10 月的胶州湾表层水体，As 含量在胶州湾整个水域符合国家一类海水的水质标准（20.00μg/L）（表 5-1）。由于 As 含量在胶州湾整个水域都远远小于 20.00μg/L，因此，在 As 含量方面，4 月、6 月、7 月和 10 月，在胶州湾整个水域，水质清洁，没有受到 As 的污染。

5.2.2　表层水平分布

4 月、7 月和 10 月，在胶州湾水域设 5 个站位：083、084、121、122、123，这些站位在胶州湾西南近岸水域（图 5-1）。

4月，在胶州湾西南近岸水域站位 084、站位 121 和站位 122，表层 As 含量展示了低含量区（0.22～0.33μg/L）（图 5-2）。因此，在胶州湾西南沿岸水域，As 含量比较低，水平分布几乎没有变化。

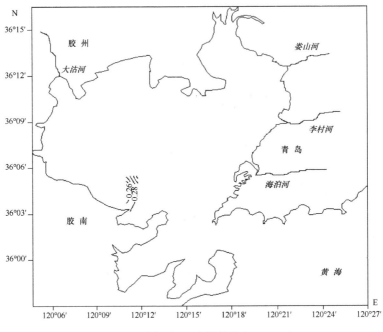

图 5-2 4 月表层 As 含量的分布（μg/L）

7月，在胶州湾西南近岸水域 083、121、122、122 站位，形成了 As 的高含量区（1.56～2.80μg/L）。于是产生了一系列平行于胶州湾西南岸线的不同梯度，As 从中心高含量（2.80μg/L）沿梯度降低，就是随着远离近岸水域，As 含量呈现沿梯度降低，如远离近岸水域 084 站位的 As 含量就比较低（0.36μg/L）（图 5-3）。因此，在胶州湾的整个西南近岸水域，As 含量都比较高，沿近岸水域形成高含量区。

10月，表层 As 含量的等值线（图 5-4）展示了在胶州湾西南近岸水域没有一定梯度的排列，As 含量分布形成了不同的斑块，其含量比较低，其范围为 0.58～1.62μg/L。

6月，在胶州湾水域设 4 个站位：H37、H39、H40、H41，这些站位在胶州湾东部和北部近岸水域（图 5-1）。在娄山河的入海口近岸水域 H40 站位，As 的含量达到相对较高（2.52μg/L），以娄山河的入海口近岸水域为中心形成了 As 的高含量区，形成了一系列不同梯度的半个同心圆。As 含量从中心的高含量（2.52μg/L）沿梯度递减到湾口水域的 1.19μg/L。在整个 As 的高含量区，As 含量范围为 1.07～2.52μg/L。因此，在胶州湾东部沿岸水域，As 含量比较高，有高含量区（图 5-5）。

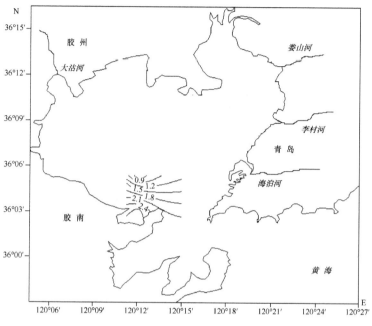

图 5-3　7 月表层 As 含量的分布（μg/L）

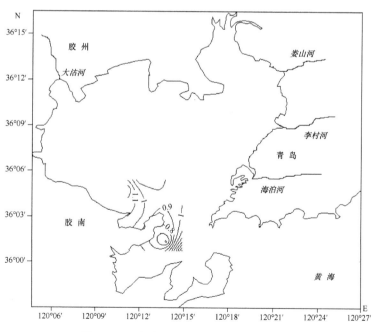

图 5-4　10 月表层 As 含量的分布（μg/L）

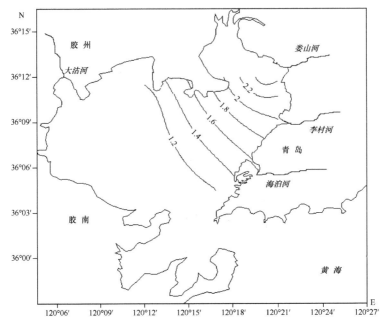

图 5-5　6 月表层 As 含量的分布（μg/L）

5.3　输　入　方　式

5.3.1　水　　质

　　4 月、7 月和 10 月，胶州湾西南沿岸水域 As 含量的变化范围为 0.22～2.80μg/L。4 月，As 在胶州湾水体中的含量变化范围为 0.22～0.33μg/L，As 含量非常低，比一类海水的水质标准要低两个量级。水质非常清洁，没有受到 As 的任何污染。7 月，As 在胶州湾水体中的含量变化范围为 0.36～2.80μg/L，在西南近岸水域受到 As 的轻微影响，但符合国家一类海水的水质标准，水质清洁，没有受到 As 的任何污染。10 月，As 含量在胶州湾水体中的变化范围为 0.58～1.62μg/L，在湾口水域受到 As 含量的轻微影响，但符合国家一类海水的水质标准，水质清洁，没有受到 As 的任何污染。

　　6 月，胶州湾东部和北部近岸水域 As 含量的变化范围为 1.07～2.52μg/L。胶州湾东部和北部近岸水域受到 As 的轻微影响，但仍符合国家一类海水的水质标准（20.00μg/L），水质清洁，没有受到 As 的任何污染。

　　4 月、6 月、7 月和 10 月，As 在胶州湾水体中的含量范围为 0.22～2.80μg/L，都没有超过国家一类海水的水质标准。这表明，在 4 月、6 月、7 月和 10 月的胶州湾表层水体，As 含量在胶州湾整个水域符合国家一类海水的水质标准（20.00μg/L）。由于 As 含量在胶州湾整个水域都远远小于 20.00μg/L，因此，在 As 含量方面，4 月、6 月、7 月和 10 月，在胶州湾整个水域，水质清洁，没有受到 As 的任何污染。

5.3.2　来　　源

4 月、7 月和 10 月，胶州湾西南沿岸水域，可通过 As 含量的水平分布变化确定 As 的来源。4 月，在胶州湾西南近岸水域，As 含量比较低，水平分布几乎没有梯度变化，这表明没有 As 的来源。7 月，在胶州湾西南近岸水域，形成了 As 的高含量区，这表明在胶州湾的整个西南近岸水域，As 的含量来源于地表径流的输送，其 As 含量为 2.80μg/L。10 月，在胶州湾西南近岸水域，As 含量分布形成了不同的斑块，其含量比较低，没有一定梯度的排列，这表明没有 As 的来源（图 5-6）。

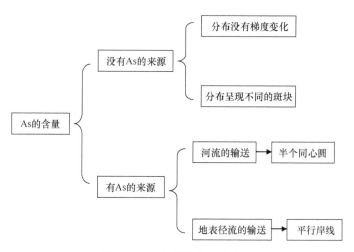

图 5-6　As 含量的分布及来源

6 月，在娄山河的入海口近岸水域，出现了 As 的高含量区，这表明在胶州湾东部近岸水域，As 的含量来源于河流的输送，其 As 含量为 2.52μg/L。这个结果与 1981 年 As 含量来源的结果[1]是一致的。

As 的来源通过水平分布可以确定是否有。如果有，进一步通过水平分布来确定输送的方式。而且这种输送的方式与胶州湾的六六六（HCH）的判断方法[7]是一致的。因此，水域物质含量水平分布的判断能够确定从陆地、大气和海洋向水域是否输送物质，以及输送的方式。

胶州湾水域 As 含量的来源是面来源，主要来自地表径流的输送和河流的输送。虽然来源有所不同，可是输送的 As 含量比较相近（表 5-2）。地表径流输送的 As 含量比河流输送的 As 含量略高，表明地表径流输送 As 含量到河流时已经稀释了微小部分。

表 5-2　胶州湾不同来源的 As 含量

不同来源	河流的输送	地表径流的输送
As 含量/（μg/L）	2.52	2.80

5.3.3　陆地迁移过程

As 是自然界普遍存在的元素，在人类生存环境中也存在着 As，但其含量是极微的。只有通过人类的活动，才能产生高浓度的 As，如 As 金属矿石的开采、焙烧以及冶炼和含 As 农药的使用，都会造成土壤和水体受到 As 的污染。通常，空气中 As 的含量很难检测出来，一般土壤中 As 的浓度为 2～10ppm[①]，地面水为10ppm 左右[6]。因此，As 污染随着河流、地表水和地下水等水流进入到近岸及海湾。

4 月，雨季来临之前，没有雨水对土壤的冲刷，也没有地表径流的输送。这样展示了：4 月，在胶州湾西南沿岸水域，没有 As 的来源。

6 月，处于雨季，降雨量显著增加，沉积于土壤和地表中的 As 残留物经过雨水的冲刷，汇入江河。在胶州湾东部沿岸水域，通过李村河和娄山河均从湾的东北部入海，带来了大量的 As 残留入海，导致胶州湾沿岸水域中 As 的含量大量增加。这样展示了：6 月，在胶州湾东部沿岸水域，有李村河和娄山河两条河流，出现了在胶州湾水体中 As 的高含量区，形成了一系列不同梯度的半个同心圆，As 的含量来源于河流的输送。

7 月，同样处于雨季，降雨量显著增加，沉积于土壤和地表中的 As 残留物经过雨水的冲刷，在胶州湾西南沿岸水域，没有河流入海，通过地表径流的输送，带来了大量的砷残留入海，导致胶州湾近岸水域中 As 的含量大量增加。这样展示了：7 月，在胶州湾西南近岸水域，形成了 As 的高含量区，产生了一系列平行于胶州湾西南岸线的不同梯度。

10 月，雨季就要结束，降雨量显著减少。雨水对土壤和地表的冲刷也在大幅度减少，向胶州湾沿岸水域也就没有 As 的输送。这样展示了：10 月，As 含量分布形成了不同的斑块，其含量比较低，没有一定梯度的排列，这表明没有 As 的来源。

---

① 1ppm=1×10⁻⁶，下同。

在胶州湾水域，As 来源于河流和地表径流的输送，其含量相对于国家一类海水的水质标准（20.00μg/L）是非常低的。在胶州湾水域，As 的低含量说明胶州湾周边地区的土壤、水体没有受到 As 的任何污染。

5.4　结　　论

在胶州湾水域，4 月，As 在胶州湾水体中的表层含量范围为 0.22～0.33μg/L；6 月，As 在胶州湾水体中的表层含量范围为 1.07～2.52μg/L；7 月，As 在胶州湾水体中的表层含量范围为 0.36～2.80μg/L；10 月，As 在胶州湾水体中的表层含量范围为 0.58～1.62μg/L。于是，4 月、6 月、7 月和 10 月，As 在胶州湾水体中的含量范围为 0.22～2.80μg/L，都没有超过国家一类海水的水质标准。这表明 4 月、6 月、7 月和 10 月的胶州湾表层水质，As 含量在胶州湾整个水域符合国家一类海水的水质标准（20.00μg/L）。而且 As 含量在胶州湾整个水域都远远小于 20.00μg/L，因此，在 As 含量方面，4 月、6 月、7 月和 10 月，在胶州湾整个水域，水质清洁，没有受到 As 的污染。

4 月和 10 月，在胶州湾西南近岸水域，没有 As 的来源。6 月，在胶州湾东部近岸水域，As 的含量来源于河流的输送。7 月，在胶州湾西南近岸水域，As 来源于地表径流的输送。因此，通过水域水平分布的判断就能够确定从陆地向水域是否输送物质，以及输送的方式。

在陆地迁移过程中，雨季决定了胶州湾水体中 As 的含量变化。胶州湾周边地区，在没有雨季期间，就没有雨水对土壤和地表的冲刷，也就没有向胶州湾水体输入 As 的来源；在雨季期间，有雨水对土壤和地表的冲刷，也就有向胶州湾水体输入 As 的来源。而且在胶州湾水域，As 来源于河流和地表径流的输送，其含量相对于国家一类海水的水质标准（20.00μg/L）是非常低的。因此，在胶州湾周边地区的土壤和水体没有受到 As 的污染，这样才使得胶州湾周边河流的 As 含量非常低。

参 考 文 献

[1] 杨东方, 宋文鹏, 陈生涛, 等. 胶州湾水域重金属砷的分布及含量. 海岸工程, 2012, 31(4): 47- 55.

[2] 杨东方, 赵玉慧, 卜志国, 等. 胶州湾水域重金属砷的分布及迁移. 海洋开发与管理, 2014, 31(1): 109 -112.

[3] Yang D F, Zhu S X, Wang F Y, et al. As sources in Jiaozhou Bay waters. Meteorological and Environmental Research, 2014, 5(5): 24-26.

[4] Yang D F, Chen Y, Gao Z H, et al. Silicon limitation on primary production and its destiny in

Jiaozhou Bay, China IV Transect offshore the coast with estuaries. Chinese Journal of Oceanology and Limnology, 2005, 23(1): 72-90.

[5] 杨东方, 王凡, 高振会, 等. 胶州湾浮游藻类生态现象. 海洋科学, 2004, 28(6): 71-74.

[6] 国家海洋局. 海洋监测规范. 北京: 海洋出版社, 1991.

[7] 杨东方, 苗振清, 丁咨汝, 等. 有机农药六六六对胶州湾海域水质的影响Ⅱ. 污染源变化过程. 海洋科学, 2011, 35(5): 112-116.

第6章 胶州湾表底层的高 As 含量区域具有一致性

6.1 背 景

6.1.1 胶州湾自然环境

胶州湾位于山东半岛南部,其地理位置为东经 120°04′～120°23′,北纬 35°58′～36°18′,以团岛与薛家岛连线为界,与黄海相通,面积约为 446km²,平均水深约 7m,是一个典型的半封闭型海湾。胶州湾入海的河流有十几条,其中径流量和含沙量较大的为大沽河和洋河,青岛市区的海泊河、李村河和娄山河等,这些河流均属季节性河流,河水水文特征有明显的季节性变化[1~8]。

6.1.2 材料与方法

本研究所使用的 1982 年 7 月和 10 月胶州湾水体 As 的调查资料由国家海洋局北海监测中心提供。7 月和 10 月,在胶州湾水域设 4 个站位取水样:083、084、122、123(图 6-1)。分别于 1982 年 7 月和 10 月 4 次进行取样,根据水深

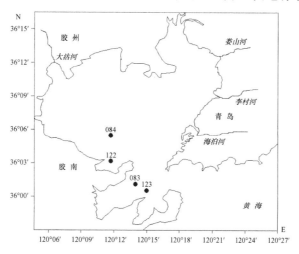

图 6-1 胶州湾调查站位

（>10m 时取表层和底层，<10m 时只取表层）进行调查采样。按照国家标准方法进行胶州湾水体 As 的调查，该方法被收录在国家的《海洋监测规范》（1991年）中[9]。

6.2 含量及分布

6.2.1 底层含量大小

7 月和 10 月，在胶州湾西南近岸和湾口的底层水域，As 含量的变化范围为 0.84～4.48μg/L，符合国家一类海水的水质标准（20.00μg/L）。7 月，胶州湾水域 As 的含量范围为 0.88～4.48μg/L，符合国家一类海水的水质标准。10 月，胶州湾水域 As 的含量范围为 0.84～1.16μg/L，符合国家一类海水的水质标准。因此，7 月和 10 月，As 在胶州湾底层水体中的含量变化范围为 0.84～4.48μg/L，符合国家一类海水的水质标准。这表明在 As 含量方面，7 月和 10 月，在胶州湾西南近岸和湾口的底层水域，水质没有受到 As 的任何污染（表 6-1）。

表 6-1 7 月和 10 月的胶州湾底层水质

项目	7 月	10 月
海水中 As 含量/（μg/L）	0.88～4.48	0.84～1.16
国家海水标准	一类海水	一类海水

6.2.2 底层水平分布

7 月和 10 月，在胶州湾西南近岸的底层水域站位：084 和 122，在胶州湾湾口的底层水域站位：083 和 123，As 含量在底层的水平分布如下所述。

7 月，在胶州湾西南近岸和湾口的底层水域，从西南近岸水域到湾口水域进行调查。在胶州湾西南近岸水域 084 站位，As 的含量达到相对较高（4.48μg/L），以西南近岸水域为中心形成了 As 的高含量区，形成了一系列不同梯度的平行线。As 从中心的高含量（4.48μg/L）沿梯度递减到湾口水域的 0.88μg/L（图 6-2）。

10 月，在胶州湾西南近岸和湾口的底层水域，从湾口水域到西南近岸水域进行调查。在胶州湾湾口水域 123 站位，As 的含量达到相对较高（1.16μg/L），以湾口水域为中心形成了 As 的高含量区，形成了一系列不同梯度的半个同心圆。As 从湾口水域的高含量（1.16μg/L）沿梯度递减到湾西南近岸水域的 0.84μg/L（图 6-3）。

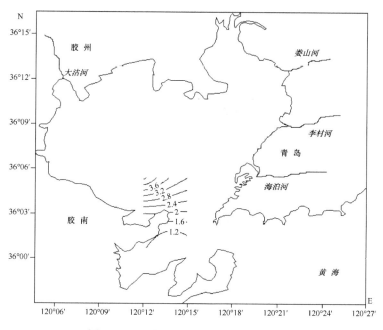

图 6-2　7 月底层 As 含量的分布（μg/L）

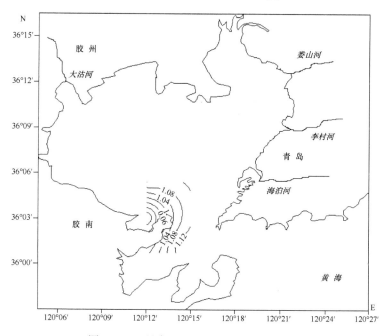

图 6-3　10 月底层 As 含量的分布（μg/L）

6.3 高含量区域

6.3.1 水　质

7 月和 10 月，在胶州湾水域，As 来自地表径流的输送、河流的输送。As 先来到水域的表层，然后，从表层穿过水体来到底层，经过了垂直水体的效应作用[4~6]，呈现了 As 含量在胶州湾西南近岸和湾口的底层水域变化范围为 0.84～4.48μg/L，远远小于国家一类海水的水质标准（20.00μg/L）。这展示了在 As 含量方面，胶州湾西南近岸和湾口的底层水域，水质清洁，没有受到 As 的任何污染。

6.3.2　高沉降的地方

7 月，在胶州湾西南近岸和湾口的底层水域，As 含量的变化范围为 0.88～4.48μg/L。从西南近岸水域到湾口水域，As 含量沿梯度递减。展示了：在西南近岸水域，As 含量呈现了高沉降（4.48μg/L）。

10 月，在胶州湾西南近岸和湾口的底层水域，As 含量的变化范围为 0.84～1.16μg/L。从湾口水域到西南近岸水域，As 含量沿梯度递减。展示了：在湾口水域，As 含量呈现了高沉降（1.16μg/L）。

7 月，在西南近岸水域，As 含量呈现了高沉降（4.48μg/L）。10 月，在湾口水域，As 含量呈现了高沉降（1.16μg/L）。因此，在胶州湾西南近岸水域，As 的沉降要比在湾口底层水域高得多。

6.3.3　水域迁移过程

7 月，在胶州湾西南近岸表层水域，形成了 As 的高含量区，这表明在胶州湾的整个西南近岸表层水域，As 的含量来源于地表径流的输送（2.80μg/L）。因此，7 月，胶州湾西南近岸表层水域 As 含量达到最高，于是，在垂直水体的效应作用[4~6]下，7 月，在西南近岸底层水域，As 呈现了高沉降（4.48μg/L）。

10 月，表层水域，在胶州湾西南近岸水域，As 含量分布形成了不同的斑块，其含量比较低，没有一定梯度的排列，这表明没有 As 的来源。因此，10 月，表层水域，在胶州湾西南近岸水域，As 含量比较低，于是，在垂直水体的效应作用[4~6]下，10 月，底层水域，在湾西南近岸水域，As 含量呈现了低沉降。而在湾口水域，As 含量呈现了较高沉降，为 1.16μg/L。

7 月，在表层水域，As 的高含量区在胶州湾西南近岸水域。在底层水域，As 的高含量区也在湾西南近岸水域。这样，在垂直水体的效应作用[4~6]下，表层的 As 迅速地沉降到海底。这是由于湾西南近岸的地表径流输送 As 含量为 2.80μg/L，相对比较高，于是，沉降的过程中，在重力的作用下，表层的 As 迅速地沉降到海底的近岸水域。这样，胶州湾的西南近岸水域，在表层水域 As 的高含量区的海底出现了相应的底层水域的高 As 含量，为 4.48μg/L。10 月，表层水域，在胶州湾西南近岸水域，没有 As 的高含量区。在相应的底层水域，As 的高含量区也没有出现。

6.4　结　　论

7 月和 10 月，在胶州湾西南近岸和湾口的底层水域，As 含量的变化范围为 0.84~4.48μg/L，都符合国家一类海水的水质标准（20.00μg/L）。这表明没有受到人为的 As 污染。因此，As 经过了垂直水体的效应作用，在 As 含量方面，胶州湾西南近岸和湾口的底层水域，水质清洁，没有受到任何 As 的污染。

7 月，在西南近岸水域，As 含量呈现了高沉降，为 4.48μg/L。10 月，在湾口水域，As 含量呈现了高沉降，为 1.16μg/L。因此，在胶州湾西南近岸水域，As 的沉降要比在湾口底层水域高得多。

7 月，在表层水域，As 的高含量区在胶州湾西南近岸水域。在底层水域，As 的高含量区也在湾西南近岸底层水域。这样，在垂直水体的效应作用下，表层的 As 迅速地沉降到海底。这是由于湾西南近岸地表径流输送的 As 含量为 2.80μg/L，相对比较高，于是，沉降过程中，在重力的作用下，表层的 As 迅速地沉降到海底的近岸水域。这样，在胶州湾的西南近岸水域，表层水域 As 含量高的海底出现了相应的底层水域的高 As 含量，为 4.48μg/L。10 月，表层水域，在胶州湾西南近岸水域，没有 As 的高含量区。在相应的底层水域，As 的高含量区也没有出现。

参 考 文 献

[1] 杨东方, 宋文鹏, 陈生涛, 等. 胶州湾水域重金属砷的分布及含量. 海岸工程, 2012, 31(4): 47-55.

[2] 杨东方, 赵玉慧, 卜志国, 等. 胶州湾水域重金属砷的分布及迁移. 海洋开发与管理, 2014, 31(1): 109-112.

[3] Yang D F, Zhu S X, Wang F Y, et al. As sources in Jiaozhou Bay waters. Meteorological and Environmental Research, 2014, 5(5): 24-26.

[4] Yang D F, Wang F Y, He H Z, et al. Vertical water body effect of benzene hexachloride.

Proceedings of the 2015 international symposium on computers and informatics, 2015: 2655-2660.

[5] Yang D F, Wang F Y, Zhao X L, et al. Horizontal waterbody effect of hexachlorocyclohexane. Sustainable Energy and Enviroment Protection, 2015: 191-195.

[6] Yang D F, Wang F Y, Yang X Q, et al. Water's effect of benzene hexachloride. Advances in Computer Science Research, 2015, 2352: 198-204.

[7] Yang D F, Chen Y, Gao Z H, et al. Silicon limitation on primary production and its destiny in Jiaozhou Bay, China Ⅳ Transect offshore the coast with estuaries. Chinese Journal of Oceanology and Limnology, 2005, 23(1): 72-90.

[8] 杨东方, 王凡, 高振会, 等. 胶州湾浮游藻类生态现象. 海洋科学, 2004, 28(6): 71-74.

[9] 国家海洋局. 海洋监测规范. 北京: 海洋出版社, 1991.

第7章 胶州湾 As 的重力特性机制及沉降过程

7.1 背 景

7.1.1 胶州湾自然环境

胶州湾位于山东半岛南部，其地理位置为东经 120°04′~120°23′，北纬 35°58′~36°18′，以团岛与薛家岛连线为界，与黄海相通，面积约为 446km²，平均水深约 7m，是一个典型的半封闭型海湾。胶州湾入海的河流有十几条，其中径流量和含沙量较大的为大沽河和洋河，青岛市区的海泊河、李村河和娄山河等，这些河流均属季节性河流，河水水文特征有明显的季节性变化[1~9]。

7.1.2 材料与方法

本研究所使用的 1982 年 7 月和 10 月胶州湾水体 As 的调查资料由国家海洋局北海监测中心提供。7 月和 10 月，在胶州湾水域设 4 个站位取水样：083、084、122、123（图 7-1）。分别于 1982 年 7 月和 10 月 4 次进行取样，根据水深（>10m 时取

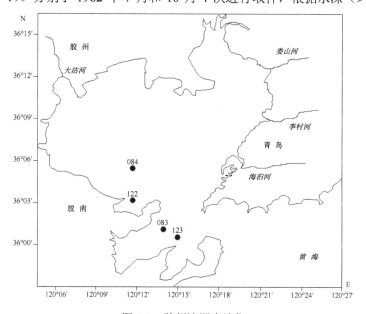

图 7-1 胶州湾调查站位

表层和底层，<10m 时只取表层）进行调查采样。按照国家标准方法进行胶州湾水体 As 的调查，该方法被收录在国家的《海洋监测规范》（1991 年）中[10]。

7.2　表底层分布及变化

7.2.1　表底层水体

在胶州湾西南近岸和湾口水域，7 月，表层 As 含量为 0.36～2.80μg/L，其对应的底层含量为 0.88～4.48μg/L。这表明在胶州湾西南近岸和湾口水域，从表层到底层，在整个西南近岸和湾口的水体，表底层的 As 含量都小于 5.00μg/L，符合国家一类海水的水质标准（20.00μg/L）。因此，经过了垂直水体的效应，在 As 含量方面，胶州湾西南近岸和湾口的水域，水质清洁，没有受到任何 As 的污染。

在胶州湾西南近岸和湾口水域，10 月，表层 As 含量为 0.58～1.62μg/L，其对应的底层含量为 0.84～1.16μg/L。这表明在胶州湾西南近岸和湾口的水域，从表层到底层，在整个西南近岸和湾口的水体，表底层的 As 含量都小于 5.00μg/L，符合国家一类海水的水质标准。水质受到 As 的轻度污染。

因此，7 月和 10 月，在胶州湾西南近岸和湾口水域，从表层到底层，在整个湾内到湾外水体，表底层的 As 含量都小于 3.00μg/L，符合国家一类海水的水质标准，水质清洁，因此，As 经过了垂直水体的效应作用，As 含量方面，在胶州湾西南近岸和湾口水域，水质清洁，没有受到任何 As 的污染。

7.2.2　表层季节分布

在胶州湾西南近岸和湾口的表层水体中，7 月，水体中 As 的表层含量范围为 0.36～2.80μg/L；10 月，As 的表层含量范围为 0.58～1.62μg/L。这表明 7 月和 10 月，水体中 As 的表层含量范围变化比较大（0.22～1.18μg/L）。As 的表层含量由高到低依次为 7 月、10 月。故得到水体中 As 的表层含量由高到低的季节变化为：夏季、秋季。

7.2.3　底层季节分布

在胶州湾西南近岸和湾口的底层水体中，7 月，水体中 As 的底层含量范围为 0.88～4.48μg/L；10 月，As 的底层含量范围为 0.84～1.16μg/L。这表明 7 月和 10 月，水体中 As 的底层含量范围变化也比较大（0.04～3.32μg/L），As 的底层含量由高到低依次为 7 月、10 月。因此，得到水体中 As 的底层含量由高到低的季节变化为：夏季、秋季。

7.2.4 表底层变化范围

在胶州湾西南近岸和湾口水域，7 月，表层含量较高（0.36～2.80μg/L）时，其对应的底层含量就较高（0.88～4.48μg/L）。10 月，表层含量（0.58～1.62μg/L）较低时，其对应的底层含量就较低（0.84～1.16μg/L）。而且，As 的表层含量变化范围（0.36～2.80μg/L）小于底层的（0.84～4.48μg/L），变化量基本一样。因此，As 的表层含量比较高时，对应的底层含量就比较高；As 的表层含量比较低时，对应的底层含量就比较低，这也体现了作者提出的垂直水体、水平水体以及水体的效应理论[5~7]。而且 As 的表层含量变化范围小于底层的，这表明 As 来自于表层，迅速地沉降，在底层积累。

7.2.5 表底层水平分布趋势

在胶州湾西南近岸水域，从西南近岸水域站位 122 到湾西南中心水域站位 084 的调查数据显示了以下结果。

7 月，从西南近岸水域到湾西南中心水域的表层水域，As 含量沿梯度降低，As 含量从西南近岸水域的高含量区（2.80μg/L）到湾西南中心水域沿梯度递减为 0.36μg/L。在底层，As 含量沿梯度上升，As 含量从西南近岸水域的高含量区（2.04μg/L）到湾西南中心水域沿梯度递增为 4.48μg/L。这表明表层、底层的水平分布趋势是相反的。

10 月，从西南近岸水域到湾西南中心水域，在表层水域，As 含量沿梯度降低，As 含量从西南近岸水域的高含量区（1.04μg/L）到湾西南中心水域沿梯度递减为 0.84μg/L。在底层，As 含量沿梯度上升，As 含量从西南近岸水域的高含量区（0.84μg/L）到湾西南中心水域沿梯度递增为 1.12μg/L。这表明表层、底层的水平分布趋势是相反的。

7 月和 10 月，在胶州湾水域，从西南近岸水域到湾西南中心水域的水体中，表层 As 含量沿梯度降低，底层 As 含量沿梯度上升，表层 As 含量的水平分布与底层的水平分布趋势是相反的。

7.3 重力特性和机制

7.3.1 沉降过程

经过垂直水体的效应作用[5~7]，As 穿过水体后，发生了很大的变化。As 离子的亲水性强，易与海水中的浮游动植物以及浮游颗粒结合。从春季到夏季，再到次年夏季，海洋生物开始大量繁殖，数量迅速增加[9]，且由于浮游生物的繁殖活动，悬浮颗粒物表面形成胶体，此时的吸附力最强，吸附了大量的 As 离子，并将其带入表层水体，由于重力和水流的作用，As 不断地沉降到海底[2~7]。

7.3.2 季节变化过程

在胶州湾水域西南近岸和湾口的表层水体中，7 月，As 含量变化从较高值（2.80μg/L）开始，然后开始下降，逐渐减少，到 10 月，As 含量达到较低值（1.62μg/L）。于是，As 的表层含量由高到低的季节变化为：夏季、秋季。

在夏季，As 来自地表径流和河流的输送，As 含量比较高，故夏季的 As 含量比较高。这表明在胶州湾湾内水域的表层水体中，由于 As 离子被吸附于大量悬浮颗粒物表面，在重力和水流的作用下，As 不断地沉降到海底[5~7]。由于 As 迅速地、不断地沉降到海底，表层 As 到达了海底得到了累积效应和稀释效应，展示了水体中底层的 As 含量由高到低的季节变化为：夏季、秋季。于是，呈现了在胶州湾西南近岸和湾口水域的底层水体中，7 月，As 含量变化从较高值 4.48μg/L 开始，然后开始下降，逐渐减少，到 10 月，As 含量达到较低值 1.16μg/L。于是，As 的表层含量由高到低的季节变化为：夏季、秋季。

因此，7~10 月，表层 As 沉降到海底，展示了 As 在水体中的累积效应和稀释效应。这样，As 的表层含量的季节变化是按照地表径流和河流的输送变化，而对应的 As 底层含量的季节变化是按照垂直水体的累积效应和稀释效应而变化。

7.3.3 重 力 特 性

空间上，胶州湾是一个半封闭型海湾，在湾的西部、北部和东部都是陆地，而在湾的南部是胶州湾的湾口水域。从西南近岸水域到湾西南中心水域，水体中 As 的表层含量从高值降低到低值，展示了 As 的重力特性、As 的迅速沉降。时间上，水体中 As 的表层含量范围变化非常大，As 的表层含量由高到低的月份依次为 7 月、10 月，As 的表层含量由高到低的季节变化为：夏季、秋季，这也展示了 As 的重力特性，As 迅速沉降。在垂直分布上，4 月和 10 月，在表层和底层具有同样的水平分布，这也展示了 As 的重力特性，As 迅速沉降。

对此，作者提出了 As 的沉降过程：As 随河流或者地表径流入海后，不易溶解，迅速由水相转入固相，在水体中，颗粒物质和生物体将 As 从表层带到底层，最终转入沉积物中。

7.3.4　变　化　沉　降

变化尺度上，胶州湾水域，在西南近岸水域和湾口水域的表层水体中，4 月和 8 月，As 含量在表层、底层的变化量范围基本一样。As 的表层含量比较低时，对应的底层含量就比较低；As 的表层含量比较高时，对应的底层含量就比较高。这展示了 As 迅速地、不断地沉降到海底，导致了 As 含量在表层、底层变化保持了一致性。As 的表层含量变化范围小于底层的，这体现了作者提出的垂直水体、水平水体以及水体的效应理论[5~7]。根据作者提出的垂直水体效应原理、水平水体效应原理以及水体效应原理[5~7]，As 含量的表层、底层变化揭示了垂直水体的累积效应。表层 As 的低含量到达海底时得到了累积效应，表层 As 的高含量到达海底时得到了累积效应。因此，As 的表层含量变化范围（0.36~2.80μg/L）小于底层的（0.84~4.48μg/L），As 的表层含量的低值小于底层的，As 的表层含量的高值小于底层的。

7.3.5　空　间　沉　降

7 月和 10 月，As 来自地表径流的输送，在胶州湾的西南近岸水域的表层水域，含量较高。表层 As 含量的水平分布与底层的水平分布趋势是一致的。这表明在胶州湾的西南近岸水域，在水体表层中，As 含量呈现了从胶州湾的西南近岸水域到湾西南中心水域沿梯度下降。As 离子被吸附于大量悬浮颗粒物表面，在重力和水流的作用下，迅速地沉降到海底。这导致了在水体底层中，胶州湾的西南近岸水域 As 含量比较高，呈现了西南近岸水域到湾西南中心沿梯度下降。因此，As 含量在表层、底层的水平分布趋势是一致的。

因此，7 月和 10 月，在胶州湾水域，从西南近岸水域到湾西南中心水域的水体中，As 含量沿梯度降低，表层 As 含量的水平分布与底层的水平分布趋势是一致的。这表明了任何时间的沉降都决定了 As 含量在表层、底层的水平分布趋势是一致的。

7.4　结　　论

As 的表层含量由高到低的季节变化为：夏季、秋季。这是经过了垂直水体的效应作用，As 从表层水体不断地沉降到海底，导致表层 As 到达海底得到了累积效应，展示了水体中底层的 As 含量由高到低的季节变化为：夏季、秋季。因此，7~10 月，表层 As 沉降到海底，展示了 As 在水体中的累积效应和稀释效应。这样，As 的表层含量的季节变化是按照地表径流和河流的输送变化，而对应的 As 底层含量的季节变化是按照垂直水体的累积效应和稀释效应的变化。

4月和10月，在空间、时间和垂直分布上，As 含量的变化都展示了 As 的重力特性和 As 的迅速沉降。对此，作者提出了 As 的沉降过程：重金属 As 随河流或地表径流入海后，不易溶解，迅速由水相转入固相，在水体中，颗粒物质和生物体将 As 从表层带到底层，最终转入沉积物中。

变化尺度上，在胶州湾西南近岸水域和湾口水域，7月和10月，As 在表层、底层的变化量范围基本一样。而且，As 迅速地、不断地沉降到海底，导致了 As 在表层、底层含量变化保持了一致性。As 含量的表层、底层变化揭示了垂直水体的累积效应。表层 As 的低含量到达海底时得到了累积效应，表层 As 的高含量到达海底得到了累积效应。As 的表层含量变化范围（0.36~2.80μg/L）小于底层的（0.84~4.48μg/L），As 的表层含量的低值小于底层的，As 的表层含量的高值也小于底层的。

空间尺度上，7月和10月，在胶州湾水域，从西南近岸水域到湾西南中心水域的水体中，As 含量沿梯度降低，表层 As 含量的水平分布与底层的水平分布趋势是一致的。这表明，任何时间的沉降都决定了 As 含量在表层、底层的水平分布趋势是一致的。

参 考 文 献

[1] 佚名. 科罗拉多"毒河"威胁恐将长期化. 参考消息, 2015 年 8 月 14 日, 社会扫描, 第八版.

[2] 杨东方, 宋文鹏, 陈生涛, 等. 胶州湾水域重金属砷的分布及含量. 海岸工程, 2012, 31(4): 47-55.

[3] 杨东方, 赵玉慧, 卜志国, 等. 胶州湾水域重金属砷的分布及迁移. 海洋开发与管理, 2014, 31(1): 109-112.

[4] Yang D F, Zhu S X, Wang F Y, et al. As sources in Jiaozhou Bay waters. Meteorological and Environmental Research, 2014, 5(5): 24-26.

[5] Yang D F, Wang F Y, He H Z, et al. Vertical water body effect of benzene hexachloride. Proceedings of the 2015 international symposium on computers and informatics, 2015: 2655-2660.

[6] Yang D F, Wang F Y, Zhao X L, et al. Horizontal waterbody effect of hexachlorocyclohexane. Sustainable Energy and Enviroment Protection, 2015: 191-195.

[7] Yang D F, Wang F Y, Yang X Q, et al. Water's effect of benzene hexachloride. Advances in Computer Science Research, 2015, 2352: 198-204.

[8] Yang D F, Chen Y, Gao Z H, et al. Silicon limitation on primary production and its destiny in Jiaozhou Bay, China Ⅳ Transect offshore the coast with estuaries. Chinese Journal of Oceanology and Limnology, 2005, 23(1): 72-90.

[9] 杨东方, 王凡, 高振会, 等. 胶州湾浮游藻类生态现象. 海洋科学, 2004, 28(6): 71-74.

[10] 国家海洋局. 海洋监测规范. 北京: 海洋出版社, 1991.

第8章 As 的近岸迁移模型及计算

8.1 背 景

8.1.1 胶州湾自然环境

胶州湾位于山东半岛南部，其地理位置为东经 120°04′～120°23′，北纬 35°58′～36°18′，以团岛与薛家岛连线为界，与黄海相通，面积约为 446km^2，平均水深约 7m，是一个典型的半封闭型海湾。胶州湾入海的河流有十几条，其中径流量和含沙量较大的为大沽河和洋河，青岛市区的海泊河、李村河和娄山河等，这些河流均属季节性河流，河水水文特征有明显的季节性变化[1~8]。

8.1.2 材料与方法

本研究所使用的 1982 年 7 月和 10 月胶州湾水体 As 的调查资料由国家海洋局北海监测中心提供。7 月和 10 月，在胶州湾水域设 4 个站位取水样：083、084、122、123（图 8-1）。分别于 1982 年 7 月和 10 月 4 次进行取样，根据水深

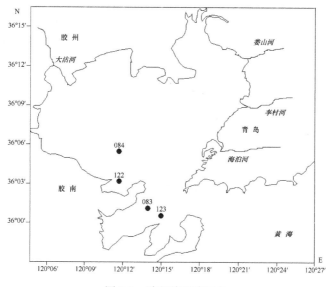

图 8-1 胶州湾调查站位

样（>10m 时取表层和底层，<10m 时只取表层）进行调查采样。按照国家标准方法进行胶州湾水体 As 的调查，该方法被收录在国家的《海洋监测规范》（1991年）中[9]。

8.2　定义及公式

在胶州湾，从西南近岸水域到湾西南中心水域的水体中，由于湾内海水经过湾口与外海水交换[10]，于是，从西南近岸水域到湾西南中心水域的物质浓度在不断地降低[4-6]。那么，通过水交换，根据作者提出的物质含量的水平损失量、垂直稀释量和垂直积累量的定义及公式，计算得到物质含量的水平损失量（horizontal loss amount）、物质含量的垂直稀释量（vertical disputed amount）和垂直积累量（vertical sediment amount）。物质含量的水平损失量分为水平绝对损失量（absolutely horizontal loss amount）和水平相对损失量（relatively horizontal loss amount）。物质含量的垂直稀释量和垂直积累量分为垂直绝对稀释量和积累量（absolutely vertical disputed and sediment amounts）、垂直相对稀释量和积累量（relatively vertical disputed and sediment amounts）。

8.2.1　水平物质含量变化的定义及公式

在胶州湾西南近岸和湾西南中心的表层水域，假设在西南近岸水域物质（M）含量为 A，在湾西南中心水域物质含量为 B。

从西南近岸水域到西南中心水域，物质含量的水平绝对损失量为 $D>0$，物质含量的水平相对损失量为 E，当 $D<0$ 时，表示从湾口水域到湾内水域，物质含量的水平绝对损失量为 $-D>0$。

$$D=A-B, \qquad E=|A-B|/\max(A, B) \qquad (8-1)$$

在胶州湾西南近岸和湾西南中心的底层水域，假设在西南近岸水域物质含量为 a，在湾西南中心水域物质含量为 b。

从西南近岸到西南中心水域，物质含量的水平绝对损失量为 $d>0$，物质含量的水平相对损失量为 e，当 $d<0$ 时，表示从湾口水域到湾内水域，物质含量的水平绝对损失量为 $-d>0$。

$$d=a-b, \qquad e=|a-b|/\max(a, b) \qquad (8-2)$$

8.2.2　垂直物质含量变化的定义及公式

在胶州湾西南近岸和湾西南中心水域，假设在西南近岸表层水域物质含量为

A，底层水域物质含量为 a。假设水域的站位为 n，从表层水域到底层水域，物质含量的垂直绝对稀释量为 $V_{na}>0$，物质含量的垂直相对稀释量为 V_{nr}，当 $V_{na}<0$ 时，表示物质含量的垂直绝对积累量为 $-V_{na}>0$，当 $V_{na}<0$ 时，物质含量的垂直相对积累量为 V_{nr}。

$$V_{na}=A-a, \qquad V_{nr}=|A-a|/\max(A, a) \qquad (8\text{-}3)$$

8.2.3　表层和底层的水平损失量

假设从西南近岸水域到西南中心水域简单指为从 A 到 B，物质含量以 As 含量为主，通过 As 含量的水平变化，揭示了 As 含量在表层和底层的水平损失量。

7 月和 10 月，在胶州湾西南近岸和湾西南中心的表层水域的水体中，从西南近岸水域到湾西南中心水域，水体中 As 的表层含量发生了很大的变化，通过式（8-1），计算得到了 As 表层含量的水平损失量（表 8-1）。

表 8-1　As 表层含量的水平损失量

从 A 到 B	D	E	E/%
7 月	2.44	0.8714	87.14
10 月	0.20	0.1923	19.23

7 月和 10 月，在胶州湾西南近岸和湾西南中心水域的底层水体中，从西南近岸水域到湾西南中心水域，水体中 As 的底层含量发生了很大的变化，通过式（8-2），计算得到了 As 底层含量的水平损失量（表 8-2）。

表 8-2　As 底层含量的水平损失量

从 A 到 B	d	e	e/%
7 月	−2.44	0.5446	54.46
10 月	−0.28	0.2500	25.00

8.2.4　垂直稀释量和垂直积累量

物质含量以 As 含量为主，通过 As 含量的垂直变化，揭示了 As 含量在表底层的垂直稀释量和垂直积累量。

7 月和 10 月，在胶州湾西南近岸水域和湾西南中心水域，从表层到底层，水体中表底层的 As 含量都发生了很大的变化。通过式（8-3），计算得到了 As 底层含量的垂直稀释量和垂直积累量（表 8-3）。

在胶州湾西南近岸和湾西南中心的表层、底层水域，7 月和 10 月，从西南近岸水域站位 122 到湾西南中心水域站位 084 都进行了分析。

表 8-3   As 表底层的垂直稀释量和垂直积累量

时间	水域	Vna	Vnr	Vnr/%
7 月	西南近岸水域	0.76	0.2714	27.14
	西南中心水域	−4.12	0.9196	91.96
10 月	西南近岸水域	0.20	0.1923	19.23
	西南中心水域	−0.28	0.2500	25.00

8.2.5   表底层垂直变化

7 月和 10 月，在这些站位：083、084、122、123，As 的表层、底层含量相减，其差为–4.12～1.72μg/L。这表明 As 的表层、底层含量相近。

湾西南近岸水域为 122 站位，湾西南中心水域为 084 站位，湾口水域为 083、123 站位。

7 月，As 的表层、底层含量差为–4.12～1.72μg/L。在湾西南近岸水域 122 站位和湾口水域 083、123 站位都为正值。在湾西南中心水域 084 站位为负值。3 个站为正值，1 个站为负值（表 8-4）。

表 8-4   在胶州湾的湾西南和湾口水域 As 的表层、底层含量差

月份 ＼ 站位	122	084	083	123
7 月	正值	负值	正值	正值
10 月	正值	负值	负值	正值

10 月，As 的表层、底层含量差为–0.54～0.46μg/L。在湾西南近岸水域 122 站位和湾口水域 123 站位都为正值。在湾西南中心水域 084 站位和湾口水域 083 站位为负值。2 个站为正值，2 个站为负值（表 8-4）。

8.3   含量的计算

8.3.1   物质含量变化

根据作者提出的物质垂直水体效应原理、物质水平水体效应原理及水体效应原理[4~6]，物质含量的水平变化揭示了水平水体的损失效应，表层、底层变化揭示

了垂直水体的累积效应和稀释效应。于是，通过作者提出的水平物质含量变化模型和垂直物质含量变化模型，将物质水体效应进行了定量化，从而进一步将物质含量在迁移过程中进行了定量化。

8.3.2　含量的水平和垂直变化

7 月和 10 月，在胶州湾西南近岸和西南中心水域，从西南近岸水域到西南中心水域。通过式（8-1），计算得到 As 表层含量的水平损失量（表 8-1）。通过式（8-2），计算得到 As 底层含量的水平损失量（表 8-2）。通过式（8-3），计算得到 As 表底层含量的垂直稀释量和垂直积累量（表 8-3）。

在湾内水域，As 来自地表径流和河流的输送。在胶州湾的西南近岸和西南中心水域，在海湾的潮汐和海流作用下，As 含量沿梯度在不断地递减，As 从中心的高含量区到边缘的低含量区进行迁移。

7 月，从西南近岸水域到西南中心水域，As 表层含量的水平损失量达到了最大（87.14%）（图 8-2），As 底层含量的水平损失量达到了最大（54.46%）（图 8-2）。在西南近岸水域，As 表底层含量的垂直稀释量较低（27.14%），在西南中心水域，As 表底层含量的垂直积累量非常高（91.96%）（图 8-2）。

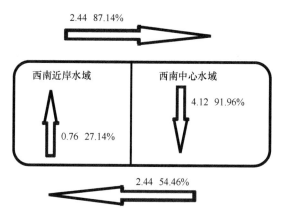

图 8-2　7 月 As 含量的水平及垂直变化的模型框图
图中除百分比数值外的数值的单位为μg/L

10 月，从西南近岸水域到西南中心水域，As 表层含量的水平损失量达到较低（19.23%）（图 8-3），As 底层含量的水平损失量达到了较低（25.00%）（图 8-3）。在西南近岸水域，As 表底层含量的垂直稀释量比较低（19.23%），在西南中心水域，As 表底层含量的垂直积累量也比较低（25.00%）（图 8-3）。

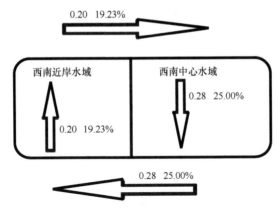

图 8-3　10 月 As 含量的水平及垂直变化的模型框图

图中除百分比数据外的其他数据的的单位为μg/L

因此，7 月和 10 月，表层 As 含量的水平绝对损失量的变化范围为 0.20～2.44μg/L，表层 As 含量的水平相对损失量的变化范围为 19.23%～87.14%。底层 As 含量的水平绝对损失量的变化范围为 0.28～2.44μg/L，底层 As 含量的水平相对损失量的变化范围为 25.00%～54.46%。As 的表层、底层含量都具有绝对垂直稀释量为 0.20～0.76μg/L，其相对垂直稀释量为 19.23%～27.14%。As 的表层、底层含量都具有绝对垂直积累量 0.28～4.12μg/L，其相对垂直积累量为 25.00%～91.96%。

8.3.3　近岸水域的水平损失量

7 月，从西南近岸水域到西南中心水域，As 表层含量的水平损失量达到了很高（87.14%）。As 底层含量的水平损失量也达到了较高（54.46%）。于是，在西南近岸水域，As 表底层含量的垂直稀释量较低（27.14%），在西南中心水域，As 表底层含量的垂直积累量非常高（91.96%）。因此，从西南近岸水域到西南中心水域，As 表层含量的水平损失量很高，As 底层含量的水平损失量也比较高。这样，在西南近岸水域，As 含量得到较低稀释。而在西南中心水域，As 含量得到很高积累。

10 月，从西南近岸水域到西南中心水域，As 表层含量的水平损失量达到了较低（19.23%）。As 底层含量的水平损失量也达到了较低（25.00%）。于是，在西南近岸水域，As 表底层含量的垂直稀释量较低（19.23%），在西南中心水域，As 表底层含量的垂直积累量也比较低（25.00%）。因此，从西南近岸水域到西南中心水域，As 表层含量的水平损失量较低，As 底层含量的水平损失量也比较低。这样，在西南近岸水域，As 含量得到较低稀释。而在西南中心水域，As 含量得到较低积累。

7 月和 10 月，在近岸水域，As 含量都得到较低稀释。在西南中心水域，As含量都得到较高或者较低积累。从西南近岸水域到西南中心水域，无论在表层或者底层，都会在水平造成一定损失。7 月，As 含量的表底层水平损失量比较高。10 月，As 含量的底层水平损失量比较低。

8.3.4　区 域 沉 降

区域尺度上，在胶州湾的湾口水域，随着时间的变化，As 的表层、底层含量相减，其差也发生了变化，这个差值表明了 As 含量在表层、底层的变化。当 As向胶州湾输入后，首先到表层，通过迅速地、不断地沉降到海底，呈现了 As 含量在表层、底层的变化（表 8-4）。

7 月，在西南近岸水域和西南中心水域，As 来自地表径流的输送。4 月，表层 As 含量为 0.36～2.80μg/L。在湾西南近岸水域和湾口水域，都呈现了表层的As 含量大于底层的，而在湾西南中心水域，则呈现了表层的 As 含量小于底层的。这表明 As 来源于近岸的地表径流，在湾西南近岸水域和湾口水域，就呈现了表层的 As 含量大于底层的。远离近岸水域，到了西南中心水域，有大量的沉降，As 表底层含量的垂直积累量非常高 91.96%，就呈现了表层的 As 含量小于底层的。

10 月，在西南近岸水域和西南中心水域，As 的来源是地表径流的输送，As含量比较低，为 0.58～1.62μg/L。在湾西南近岸水域和湾口水域 123 站位，表层的 As 含量大于底层的。在湾西南中心水域和湾口水域 083 站位，就呈现了表层的 As 含量小于底层的。这表明 As 来源于近岸的地表径流，在湾西南近岸水域，就呈现了表层的 As 含量大于底层的。远离近岸水域，到了西南中心水域，有大量的沉降，As 表底层含量的垂直积累量为 25.00%，就呈现了表层的 As 含量小于底层的。在湾口水域，123 站位靠近湾口中心，而 083 站位靠近湾口中突出的岬。123 站位 As 易于迁移，083 站位 As 易于沉降。在湾口水域 123 站位，呈现了表层的 As 含量大于底层的。在湾口水域 083 站位，就呈现了表层的 As 含量小于底层的。

7 月和 10 月，当西南近岸水域提供给表层大量的 As，靠近地表径流和河流来源的附近水域，没有来得及大量沉降，只有少量稀释，这样造成了在来源附近水域表层的 As 含量大于底层的。当表层 As 延伸到远离这些来源的水域，As 有大量的沉降，就造成了表层的 As 含量大于底层的。来源提供 As 含量的大小以及在表层的迁移远近决定了表层、底层的 As 含量变化。

8.4 结　论

根据作者提出的水平物质含量变化模型和垂直物质含量变化模型，计算得到了 As 表底层含量的水平损失量、垂直稀释量和垂直积累量，确定了 As 含量的水平及垂直变化的模型框图。而且，通过胶州湾湾西南和湾口水域 As 的表层、底层含量差，展示了 As 含量在表底层的垂直分布及沉降区域。7 月和 10 月，表层 As 含量的水平绝对损失量的变化范围为 0.20～2.44μg/L，表层 As 含量的水平相对损失量的变化范围为 19.23%～87.14%。底层 As 含量的水平绝对损失量的变化范围为 0.28～2.44μg/L，底层 As 含量的水平相对损失量的变化范围为 25.00%～54.46%。As 表底层含量都具有绝对垂直稀释量 0.20～0.76μg/L，其相对垂直稀释量为 19.23%～27.14%。As 表底层含量都具有绝对垂直积累量 0.28～4.12μg/L，其相对垂直积累量为 25.00%～91.96%。

7 月和 10 月，在近岸水域，As 都得到较低稀释。在西南中心水域，As 都得到较高或者较低积累。因此，从西南近岸水域到西南中心水域，无论在表层或者底层，都会在水平造成一定损失。7 月，As 含量的表底层水平损失量比较高。在 10 月，As 含量的底层水平损失量比较低。

7 月和 10 月，当西南近岸水域提供给表层大量的 As，靠近地表径流和河流来源的附近水域，没有来得及大量沉降，只有少量稀释，这样造成了在来源附近水域表层的 As 含量大于底层的。当表层 As 延伸到远离这些来源的水域，As 有大量沉降，造成了表层的 As 含量大于底层的。来源提供 As 含量的大小及在表层的迁移远近决定了表层、底层的 As 含量变化。

参 考 文 献

[1] 杨东方, 宋文鹏, 陈生涛, 等. 胶州湾水域重金属砷的分布及含量. 海岸工程, 2012, 31(4): 47-55.

[2] 杨东方, 赵玉慧, 卜志国, 等. 胶州湾水域重金属砷的分布及迁移. 海洋开发与管理, 2014, 31(1): 109 -112.

[3] Yang D F, Zhu S X, Wang F Y, et al. As sources in Jiaozhou Bay waters. Meteorological and Environmental Research, 2014, 5(5): 24-26.

[4] Yang D F, Wang F Y, He H Z, et al. Vertical water body effect of benzene hexachloride. Proceedings of the 2015 international symposium on computers and informatics, 2015: 2655-2660.

[5] Yang D F, Wang F Y, Zhao X L, et al. Horizontal waterbody effect of hexachlorocyclohexane. Sustainable Energy and Enviroment Protection, 2015: 191-195.

[6] Yang D F, Wang F Y, Yang X Q, et al. Water's effect of benzene hexachloride. Advances in Computer Science Research, 2015, 2352: 198-204.

[7]　Yang D F, Chen Y, Gao Z H, et al. Silicon limitation on primary production and its destiny in Jiaozhou Bay, China IV Transect offshore the coast with estuaries. Chinese Journal of Oceanology and Limnology, 2005, 23(1): 72-90.

[8]　杨东方, 土凡, 高振会, 等. 胶州湾浮游藻类生态现象. 海洋科学, 2004, 28(6): 71-74.

[9]　国家海洋局. 海洋监测规范. 北京：海洋出版社, 1991.

[10]　杨东方, 苗振清, 徐焕志, 等. 胶州湾海水交换的时间. 海洋环境科学, 2013, 32(3): 373-380.

第9章　地表、海水和河流对胶州湾水域 As 含量的影响

9.1　背　　景

9.1.1　胶州湾自然环境

胶州湾位于山东半岛南部，其地理位置为东经 120°04′～120°23′，北纬 35°58′～36°18′，以团岛与薛家岛连线为界，与黄海相通，面积约为 446km²，平均水深约 7m，是一个典型的半封闭型海湾。胶州湾入海的河流有十几条，其中径流量和含沙量较大的为大沽河和洋河，青岛市区的海泊河、李村河和娄山河等，这些河流均属季节性河流，河水水文特征有明显的季节性变化[1~5]。

9.1.2　材料与方法

本研究所使用的 1983 年 5 月、9 月和 10 月胶州湾水体 As 的调查资料由国家海洋局北海监测中心提供。5 月、9 月和 10 月，在胶州湾水域设 5 个站位取表层、底层水样：H34、H35、H36、H37、H82（图 9-1）。分别于 1983 年 5 月、9 月和

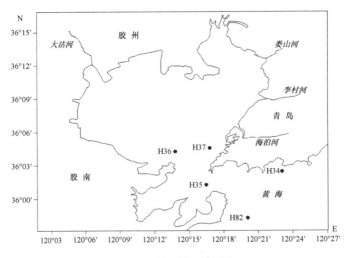

图 9-1　胶州湾调查站位

10 月 3 次进行取样，根据水深（＞10m 时取表层和底层，＜10m 时只取表层）进行调查采样。按照国家标准方法进行胶州湾水体 As 的调查，该方法被收录在国家的《海洋监测规范》（1991 年）中[6]。

9.2　含量及分布

9.2.1　含量大小

5 月、9 月和 10 月，胶州湾北部沿岸水域 As 含量比较低，南部湾口水域 As 含量比较高。5 月、9 月和 10 月，As 在胶州湾水体中的含量范围为 0.19～4.89μg/L，都没有超过国家一类海水的水质标准。这表明 5 月、9 月和 10 月，胶州湾表层水质在整个水域符合国家一类海水的水质标准（20.00μg/L）（表 9-1）。由于 As 含量在胶州湾整个水域都远远小于 20.00μg/L，说明在 As 含量方面，胶州湾整个水域水质清洁，没有受到 As 的污染。

表 9-1　5 月、9 月和 10 月的胶州湾表层水质

项目	5 月	9 月	10 月
海水中 As 含量/（μg/L）	1.52～4.89	0.19～1.63	0.37～2.93
国家海水标准	一类海水	一类海水	一类海水

9.2.2　表层水平分布

5 月，在胶州湾西南部的近岸水域 H36 站位，As 的含量达到相对较高（4.89μg/L），以西南部近岸水域为中心形成了 As 的高含量区，形成了一系列不同梯度的半个同心圆。As 从中心的高含量（4.89μg/L）沿梯度递减到湾口水域的 1.52μg/L（图 9-2）。胶州湾东部，在李村河和海泊河的入海口之间的近岸水域 H38 站位，As 的含量较高（3.33μg/L），以东部近岸水域为中心形成了 As 的高含量区，形成了一系列不同梯度的半个同心圆。As 含量从中心的高含量（3.33μg/L）沿梯度递减到湾口水域的 1.52μg/L（图 9-2）。在湾外水域 H82 站位，As 含量相对较高（4.30μg/L），以湾外站位 H82 为中心形成了 As 的高含量区，沿着胶州湾的海湾通道从湾外到湾内，形成了一系列不同梯度的平行线。As 含量从中心的高含量（4.30μg/L）向湾内水域沿梯度递减到 1.52μg/L（图 9-2）。这说明在胶州湾水体中从外海海域通过湾口，沿着从湾外到湾内的海流方向，As 含量在不断地递减（图 9-2）。以湾口水域站位 H35 为中心形成了 As 的低含量区，这个低含量区的 As 含量小于 1.90μg/L，其最小值达到 1.52μg/L。

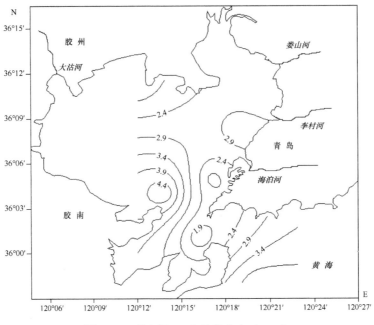

图9-2 5月表层As含量的分布（μg/L）

9月，在胶州湾东北部，娄山河和李村河的入海口之间的近岸水域H39站位，As的含量较高（1.63μg/L），以东北部近岸水域为中心形成了As的高含量区，形成了一系列不同梯度的半同心圆。As含量从中心的高含量（1.63μg/L）沿梯度递减到湾口水域的0.19μg/L（同心圆图9-3）。在湾外水域H82站位，As含量相对较高（1.59μg/L），以湾外站位H82为中心形成了As的高含量区，沿着胶州湾的海湾通道从湾外到湾内，形成了一系列不同梯度的平行线。As含量从中心的高含量（1.59μg/L）向湾内水域沿梯度递减到0.19μg/L（图9-3）。这说明在胶州湾水体中从外海域通过湾口，沿着从湾外到湾内的海流方向，As含量在不断地递减（图9-3）。而且以湾口水域站位H35为中心形成了As的低含量区，这个低含量区的As含量小于0.40μg/L，其最小值达到0.19μg/L。

10月，在胶州湾西南部的近岸水域H36站位，As的含量相对较高（2.93μg/L），以西南部近岸水域为中心形成了As的高含量区，形成了一系列不同梯度的半同心圆。As含量从中心的高含量（2.93μg/L）沿梯度递减到湾北水域的0.37μg/L（图9-4）。在胶州湾东北部，娄山河和李村河的入海口之间的近岸水域H39站位，As的含量较高（1.85μg/L），以东北部近岸水域为中心形成了As的高含量区，形成了一系列不同梯度的半个同心圆。As含量从中心的高含量（1.85μg/L）沿梯度递减到湾东南水域的0.74μg/L（图9-4）。

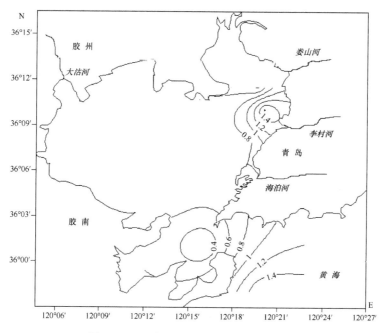

图 9-3　9 月表层 As 含量的分布（μg/L）

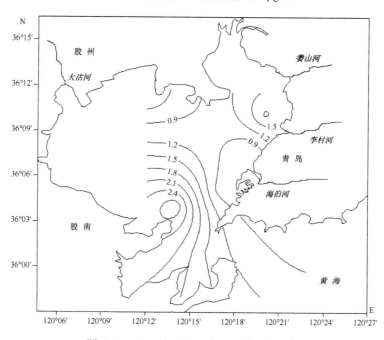

图 9-4　10 月表层 As 含量的分布（μg/L）

9.3 环境的影响

9.3.1 水　　质

5 月，As 在胶州湾水体中的含量范围为 1.52～4.89μg/L，在胶州湾西南部的近岸水域和湾外水域，As 含量比较高，该水域受到 As 的轻微影响。9 月，As 在胶州湾水体中的含量范围为 0.19～1.63μg/L，在胶州湾的东北部和湾外水域，As 含量比较高，该水域受到 As 的影响。10 月，As 在胶州湾水体中的含量范围为 0.37～2.93μg/L，在胶州湾东北部和西南部的近岸水域，As 含量比较高，该水域受到 As 的轻微影响。因此，5 月、9 月和 10 月，胶州湾东北部和西南部的近岸水域以及湾外水域 As 含量比较高，湾中心水域 As 含量比较低。

5 月、9 月和 10 月，As 在胶州湾水体中的含量范围为 0.19～4.89μg/L，都符合国家一类海水的水质标准，而且远远低于一类海水的水质标准（20.00μg/L）。这表明 As 含量非常低，水体没有受到人为的 As 污染。因此，在整个胶州湾水域，As 含量符合国家一类海水的水质标准，水质没有受到任何 As 的污染。

9.3.2 来　　源

5 月，在胶州湾西南部的近岸水域，形成了 As 的高含量区，这表明 As 来自地表径流的输送，其 As 含量为 4.89μg/L；在胶州湾东部的近岸水域，形成了 As 的高含量区，这表明 As 来自河流的输送，其 As 含量为 3.33μg/L；在胶州湾水体中，从外海域通过湾口，沿着从湾外到湾内的海流方向，As 含量在不断地递减，这表明在胶州湾水域，As 来自外海海流的输送，其 As 含量为 4.30μg/L。

9 月，在胶州湾东北部的近岸水域，形成了 As 的高含量区，这表明 As 来自河流的输送，其 As 含量为 1.63μg/L；在胶州湾水体中，从外海海域通过湾口，沿着从湾外到湾内的海流方向，As 含量在不断地递减，这表明在胶州湾水域 As 来自外海海流的输送，其 As 含量为 1.59μg/L。

10 月，在胶州湾西南部的近岸水域，形成了 As 的高含量区，这表明 As 来自地表径流的输送，其 As 含量为 2.93μg/L。在胶州湾东北部，娄山河和李村河的入海口之间的近岸水域，形成了 As 的高含量区，这表明 As 来自河流的输送，其 As 含量为 1.85μg/L。

胶州湾水域 As 的来源是面来源，主要来自地表径流的输送、外海海流的输送、河流的输送。其来源不同，输送的 As 含量也不相同（表 9-2）。胶州湾水域 As 来源由低到高的输入量变化为：地表径流的输送、外海海流的输送、河流的输送。

表 9-2　5 月、9 月和 10 月胶州湾不同来源的 As 含量

不同来源	地表径流的输送	外海海流的输送	河流的输送
As 含量/（μg/L）	2.93～4.89	1.59～4.30	1.63～3.33

5 月、9 月和 10 月，在胶州湾水体中，As 的来源有三种，在不同的月份下，同一来源的 As 含量的输入量是相近的。在不同的月份下，地表径流来源的 As 输入量为 1.96μg/L。在不同的月份下，外海海流来源的 As 输入量变化范围为 1.71μg/L。在不同的月份下，河流来源的 As 输入量变化范围为 1.70μg/L。

那么，在不同的月份下，向胶州湾水体输入 As 含量的变化范围为 1.70～1.96μg/L。虽然胶州湾三个来源是不同的，而且在不同的月份下，可是，它们的输入量的变化范围却是一致的（1.70～1.96μg/L）。这表明在一年中，不同的来源向胶州湾水域输送的 As 含量是持续和稳定的。

9.3.3　输　入　过　程

5 月、9 月和 10 月，胶州湾水域 As 有三个主要来源：地表径流的输送、外海海流的输送、河流的输送。

来自地表径流输送的 As 含量为 2.93～4.89μg/L，这表明在胶州湾的周围陆地上受到了 As 的影响，造成了地表径流对胶州湾水域的最大影响。在地表受到 As 的影响来源于农业，由于大量使用含有 As 的农药，As 就会大量残留到土壤中，于是，给胶州湾带来了大量的 As。

来自外海海流输送的 As 含量为 1.59～4.30μg/L，这表明在近岸海洋水体中，已经接受了大量的 As，虽然没有达到污染，但是，在海水中已经具有这样高含量的 As，需要引起我们的关注。

来自河流输送的 As 含量为 1.63～3.33μg/L，这表明河流输入 As 含量相对还是低的，但有迹象表明排放的工业废水还是含有 As，需要进一步监测和限制 As 排放。

无论地表径流的输送，还是外海海流的输送，还是陆地河流的输送，给胶州湾输送的 As 含量都远远小于国家一类海水的水质标准（20.00μg/L）。地表径流、外海海流和陆地河流还没有受到 As 的污染。然而，As 在地表的残留和在海水中的含量变化仍然需要引起密切的关注和强烈的警惕。

9.4　结　　论

5 月、9 月和 10 月，As 在胶州湾水体中的含量范围为 0.19～4.89μg/L，都符

合国家一类海水的水质标准（20.00μg/L）。这表明在 As 含量方面，5 月、9 月和 10 月，在胶州湾整个水域，水质没有受到 As 的污染。胶州湾水域 As 的污染源是面污染源，As 的高含量区出现在许多不同区域：胶州湾东北部、东部、西南部的近岸水域以及胶州湾的湾外水域。这些水域的 As 主要来自地表径流的输送、外海海流的输送、河流的输送。这样，胶州湾水域 As 含量由低到高的来源变化为：地表径流的输送（2.93～4.89μg/L）、外海海流的输送（1.59～4.30μg/L）、河流的输送（1.63～3.33μg/L）。这三个来源是不同的，加上在不同的月份下，它们三个来源的输入量变化范围却是一致的（1.70～1.96μg/L）。这表明在一年中，不同的来源向胶州湾水域输送的 As 含量是持续的和稳定的。

参 考 文 献

[1] 杨东方, 宋文鹏, 陈生涛, 等. 胶州湾水域重金属砷的分布及含量. 海岸工程, 2012, 31(4): 47-55.

[2] 杨东方, 赵玉慧, 卜志国, 等. 胶州湾水域重金属砷的分布及迁移. 海洋开发与管理, 2014, 31(1): 109-112.

[3] Yang D F, Zhu S X, Wang F Y, et al. As sources in Jiaozhou Bay waters. Meteorological and Environmental Research, 2014, 5(5): 24-26.

[4] Yang D F, Chen Y, Gao Z H, et al. Silicon limitation on primary production and its destiny in Jiaozhou Bay, China Ⅳ Transect offshore the coast with estuaries. Chinese Journal of Oceanology and Limnology, 2005, 23(1): 72-90.

[5] 杨东方, 王凡, 高振会, 等. 胶州湾浮游藻类生态现象. 海洋科学, 2004, 28(6): 71-74.

[6] 国家海洋局. 海洋监测规范. 北京: 海洋出版社, 1991.

第10章 胶州湾湾口水域 As 的聚集和发散过程

10.1 背 景

10.1.1 胶州湾自然环境

胶州湾位于山东半岛南部，其地理位置为东经 120°04′～120°23′，北纬 35°58′～36°18′，以团岛与薛家岛连线为界，与黄海相通，面积约为 446km²，平均水深约 7m，是一个典型的半封闭型海湾。胶州湾入海的河流有十几条，其中径流量和含沙量较大的为大沽河和洋河，青岛市区的海泊河、李村河和娄山河等，这些河流均属季节性河流，河水水文特征有明显的季节性变化[1~5]。

10.1.2 材料与方法

本研究所使用的 1983 年 5 月、9 月和 10 月胶州湾水体 As 的调查资料由国家海洋局北海监测中心提供。5 月、9 月和 10 月，在胶州湾水域设 5 个站位取表层、底层水样：H34、H35、H36、H37、H82（图 10-1）。分别于 1983 年 5 月、9 月和

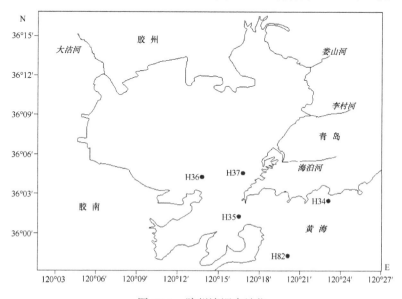

图 10-1 胶州湾调查站位

10 月 3 次进行取样，根据水深（＞10m 时取表层和底层，＜10m 时只取表层）进行调查采样。按照国家标准方法进行胶州湾水体 As 的调查，该方法被收录在国家的《海洋监测规范》（1991 年）中[6]。

10.2 含量及分布

10.2.1 底层含量大小

5 月、9 月和 10 月，在胶州湾的湾口底层水域，As 含量的变化范围为 0.15～2.30μg/L，都没有超过国家一类海水的水质标准。这表明 5 月、9 月和 10 月的胶州湾底层水质，在整个水域都符合国家一类海水的水质标准（20.00μg/L）（表 10-1）。

表 10-1　5 月、9 月和 10 月的胶州湾底层水质

项目	5 月	9 月	10 月
海水中 As 含量/（μg/L）	1.08～1.74	0.15～2.30	0.44～1.48
国家海水标准	一类海水	一类海水	一类海水

10.2.2 底层水平分布

5 月、9 月和 10 月，在胶州湾的湾口水域，从湾口内侧到湾口，再到湾口外侧，在胶州湾湾口水域的这些站位：H34、H35、H36、H37、H82，As 含量有底层的调查。As 含量在底层的水平分布如下所述。

5 月，在胶州湾的湾口水域，从湾口内侧到湾口，再到湾口外侧，在湾口有一个高值区域，形成了一系列不同梯度的平行线，以湾口的中心为高值中心，由中心到湾口外部降低，在中心的 As 含量为 1.74μg/L，沿梯度降低到湾口外部的 1.08μg/L（图 10-2）。

9 月，在胶州湾的湾口水域，从湾口内侧到湾口，再到湾口外侧，在湾口有一个低值区域，形成了一系列不同梯度的平行线，以湾口的中心为低值中心，由湾口外侧的外部到中心降低，湾口外部的 As 含量为 2.30μg/L，沿梯度降低到湾口中心的 0.15 μg/L（图 10-3）。

10 月，在胶州湾的湾口水域，从湾口内侧到湾口，再到湾口外侧，在湾口有一个低值区域，形成了一系列不同梯度的平行线，以湾口的中心为低值中心，由湾口外侧的外部到中心降低，在湾口外部的 As 含量为 1.48μg/L，沿梯度降低到 0.44μg/L（图 10-4）。

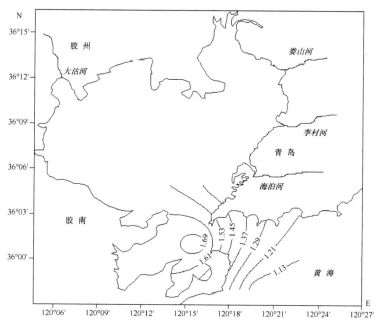

图 10-2 5 月底层 As 含量的分布（μg/L）

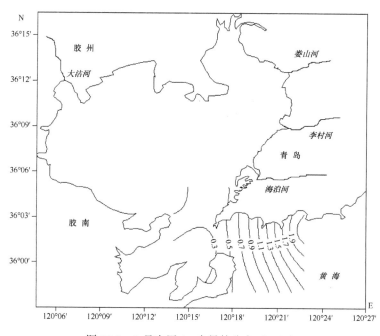

图 10-3 9 月底层 As 含量的分布（μg/L）

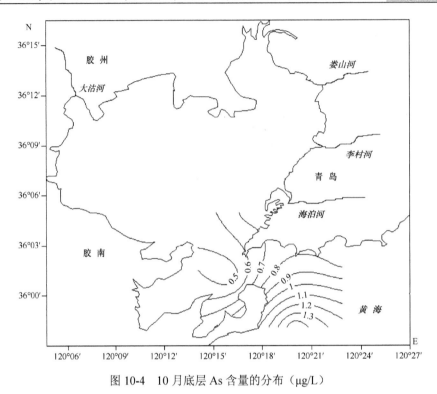

图 10-4　10 月底层 As 含量的分布（μg/L）

10.3　聚集和发散过程

10.3.1　水　　质

在胶州湾水域，As 来自地表径流的输送、外海海流的输送、河流的输送。As 先来到水域的表层，然后从表层穿过水体，来到底层。As 经过了垂直水体的效应作用[7]，As 含量在胶州湾湾口底层水域的变化范围为 0.15～2.30μg/L，远远小于国家一类海水的水质标准（20.00μg/L）。这展示了在 As 含量方面，在胶州湾的湾口底层水域，水质清洁，没有受到 As 的污染。

10.3.2　湾　口　水　域

胶州湾具有内、外两个狭窄湾口，形成了胶州湾的湾口水域。内湾口位于团岛与黄岛之间；外湾口是连接黄海的通道，位于团岛与薛家岛之间，宽度仅 3.1km。于是，胶州湾的湾口水域具有一条很深的水道，深度达到了 40m 左右。在湾口水道上潮流最强，仅 M_2 分潮流的振幅即达 1m/s，大潮期间观测到的瞬时流速甚至达到 2.01m/s[8]。经过湾口与外海海水交换，物质的浓度不断地降低，展示了海湾水交换的能力[9]。

由于湾口的特殊海底地貌和水流的速度，产生了物质浓度的高值区和低值区。

在胶州湾的湾口水域 H35 站位，在水体底层中出现 As 含量的高值区：5 月，在水体底层中以站位 H35 为中心形成了 As 含量的高值区（1.74μg/L）。

在胶州湾湾口水域 H35 站位，在水体底层中出现 As 含量的低值区：9 月，在水体底层以站位 H35 为中心形成了 As 含量的低值区（0.15μg/L）。10 月，在水体底层中以站位 H35 为中心形成了 As 含量的低值区（0.44μg/L）。

10.3.3　聚集和发散过程

5 月，在胶州湾西南部的近岸水域，表层的 As 含量达到高值（4.89μg/L），形成了 As 的高含量区。这里就在湾口水域内侧，由于胶州湾的湾口水域具有一条很深的水道，深度达到了 40m 左右，就造成了在胶州湾的湾口底层水域，通过 As 的大量沉降，形成了 As 含量的高值区（1.74μg/L）。这样，产生了 As 的聚集过程。

9 月，在湾口外侧水域，表层的 As 含量达到较高值（1.59 μg/L），形成了 As 的高含量区。这里就在湾口水域外侧，由于在湾口水道上潮流最强，仅 M_2 分潮流的振幅即达 1m/s，大潮期间观测到的瞬时流速甚至达到 2.01m/s，就造成了在胶州湾的湾口底层水域，虽然有 As 的大量沉降，可是形成了 As 含量的低值区（0.15μg/L）。这样，产生了 As 的发散过程。

10 月，在胶州湾西南部的近岸水域，表层的 As 含量达到较高值（2.93μg/L），形成了 As 的高含量区。这里就在湾口水域内侧，由于在湾口水道上潮流最强，仅 M_2 分潮流的振幅即达 1m/s，大潮期间观测到的瞬时流速甚至达到 2.01m/s，就造成了在胶州湾的湾口底层水域，虽然有 As 的大量沉降，可是形成了 As 含量的低值区（0.44μg/L）。这样就产生了 As 的发散过程。

因此，5 月，出现了 As 含量的高值区。在这个水域有一条很深的水道，As 的高值含量区的出现表明了深凹的地貌具有将 As 聚集的过程。9 月和 10 月，都出现了 As 含量的低值区。在此水域，水流的速度很快，As 的低值含量区的出现表明水体运动具有将 As 发散的过程。

10.4　结　　论

5 月、9 月和 10 月，在胶州湾的湾口底层水域，As 含量的变化范围为 0.15～

2.30μg/L，都符合国家一类海水的水质标准（20.00μg/L）。这表明水体没有受到人为的 As 污染。因此，As 经过了垂直水体的效应作用，在 As 含量方面，胶州湾的湾口底层水域，水质清洁，没有受到任何 As 的污染。

在胶州湾的湾口水域，5 月，在水体的底层出现了 As 含量的高值区（1.74μg/L），As 的高值含量区的出现表明了深凹的地貌具有将 As 聚集的过程。9 月和 10 月，在水体的底层都出现了 As 的低值区（0.15～0.44μg/L），As 的低值含量区的出现表明了水体运动具有将 As 发散的过程。因此，在海底，如果有深凹的地貌和快速的水流，那么，表层 As 含量值的大小就决定了 As 是聚集还是发散。

参 考 文 献

[1] 杨东方, 宋文鹏, 陈生涛, 等. 胶州湾水域重金属砷的分布及含量. 海岸工程, 2012, 31(4): 47-55.

[2] 杨东方, 赵玉慧, 卜志国, 等. 胶州湾水域重金属砷的分布及迁移. 海洋开发与管理, 2014, 31(1): 109-112.

[3] Yang D F, Zhu S X, Wang F Y, et al. As sources in Jiaozhou Bay waters. Meteorological and Environmental Research, 2014, 5(5): 24-26.

[4] Yang D F, Chen Y, Gao Z H, et al. Silicon limitation on primary production and its destiny in Jiaozhou Bay, China Ⅳ Transect offshore the coast with estuaries. Chinese Journal of Oceanology and Limnology, 2005, 23(1): 72-90.

[5] 杨东方, 王凡, 高振会, 等. 胶州湾浮游藻类生态现象. 海洋科学, 2004, 28(6): 71-74.

[6] 国家海洋局. 海洋监测规范. 北京: 海洋出版社, 1991.

[7] Yang D F, Wang F Y, He H Z, et al. Vertical water body effect of benzene hexachloride. Proceedings of the 2015 international symposium on computers and informatics. 2015: 2655-2660.

[8] 吕新刚, 赵昌, 夏长水. 胶州湾潮汐潮流动边界数值模拟. 海洋学报, 2010, 32(2): 20-30.

[9] 杨东方, 苗振清, 徐焕志, 等. 胶州湾海水交换的时间. 海洋环境科学, 2013, 32(3): 373-380.

第11章 胶州湾水域 As 来源对垂直分布的影响

11.1 背 景

11.1.1 胶州湾自然环境

胶州湾位于山东半岛南部，其地理位置为东经 120°04′～120°23′，北纬 35°58′～36°18′，以团岛与薛家岛连线为界，与黄海相通，面积约为 446km^2，平均水深约 7m，是一个典型的半封闭型海湾。胶州湾入海的河流有十几条，其中径流量和含沙量较大的为大沽河和洋河，青岛市区的海泊河、李村河和娄山河等，这些河流均属季节性河流，河水水文特征有明显的季节性变化[1~5]。

11.1.2 材料与方法

本研究所使用的 1983 年 5 月、9 月和 10 月胶州湾水体 As 的调查资料由国家海洋局北海监测中心提供。5 月、9 月和 10 月，在胶州湾水域设 5 个站位取表层、底层水样：H34、H35、H36、H37、H82（图 11-1）。分别于 1983 年 5 月、9 月和

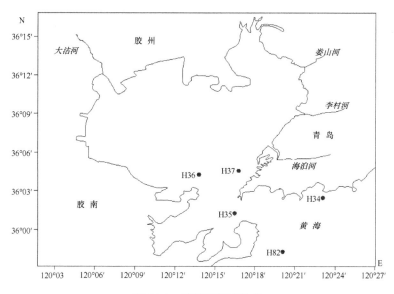

图 11-1 胶州湾调查站位

10 月 3 次进行取样，根据水深（>10m 时取表层和底层，<10m 时只取表层）进行调查采样。按照国家标准方法进行胶州湾水体 As 的调查，该方法被收录在国家的《海洋监测规范》（1991 年）中[6]。

11.2　表底层垂直变化

11.2.1　表层季节分布

在胶州湾湾口水域的表层水体中，5 月，As 的表层含量范围为 1.52～4.30μg/L；9 月，As 的表层含量范围为 0.19～1.59μg/L；10 月，As 的表层含量范围为 0.71～2.93μg/L。这表明 5 月、9 月和 10 月，水体中 As 的表层含量范围变化不大（0.19～4.30μg/L），As 的表层含量由低到高依次为 9 月、10 月、5 月。

11.2.2　底层季节分布

在胶州湾湾口水域的底层水体中，5 月，As 的底层含量范围为 1.08～1.74μg/L；9 月，As 的底层含量范围为 0.15～2.30μg/L；10 月，As 的底层含量范围为 0.44～1.48μg/L。这表明 5 月、9 月和 10 月，水体中 As 的底层含量范围变化也不大（0.15～2.30 μg/L），As 的底层含量由低到高依次为 10 月、5 月、9 月。因此，得到水体中底层的 As 含量由低到高的季节变化为：秋季、春季、夏季。

11.2.3　表底层水平分布趋势

在胶州湾的湾口水域，从胶州湾接近湾口外的近岸水域站位 H36 到湾口水域 H35 站位进行调查。

5 月，在表层，As 含量沿梯度降低，从 4.89μg/L 降低到 1.52μg/L。在底层，As 含量沿梯度上升，从 1.56μg/L 上升到 1.74μg/L。这表明表层、底层的水平分布趋势是相反的。

9 月，在表层，As 含量沿梯度降低，从 0.74μg/L 降低到 0.19μg/L。在底层，As 含量沿梯度降低，从 0.63μg/L 降低到 0.15μg/L。这表明表层、底层的水平分布趋势是一致的。

10 月，在表层，As 含量沿梯度降低，从 2.93μg/L 降低到 1.48μg/L。在底层，As 含量沿梯度降低，从 0.52μg/L 降低到 0.44μg/L。这表明表层、底层的水平分布趋势是一致的。

5 月，胶州湾湾口水域的水体中，表层 As 的水平分布与底层的水平分布趋势是相反的。而 9 月和 10 月，胶州湾湾口水域的水体中，表层 As 的水平分布与底层的水平分布趋势是一致的。

11.2.4　表底层变化范围

在胶州湾的湾口水域，5 月，表层含量较高（1.52～4.30μg/L）时，其对应的底层含量就较高（1.08～1.74μg/L）。9 月，表层含量较低（0.19～1.59μg/L）时，其对应的底层含量就较高（0.15～2.30μg/L）。10 月，表层含量达到较高值（0.71～2.93μg/L）时，其对应的底层含量较低（0.44～1.48μg/L）。而且，As 的表层含量变化范围（0.19～4.30μg/L）大于底层的（0.15～1.74μg/L），变化量基本一样。因此，5 月，As 的表层含量高的，对应的底层含量就高，可是，9 月，As 的表层含量低的，对应的底层含量却高，而 10 月，As 的表层含量高的，对应的底层含量就低。

11.2.5　表底层垂直变化

5 月、9 月和 10 月，在这些站位：H34、H35、H36、H37、H82，As 的表层、底层含量相减，其差为–1.19～3.33μg/L，数值不大。这表明 As 的表层、底层含量都相近。

5 月，As 的表层、底层含量差为–0.22～3.33μg/L。在湾口内水域的 H36、H37 站位和湾口外水域的 H34、H82 站位都为正值，在湾口水域的 H35 站位为负值。4 个站位为正值，1 个站位为负值（表 11-1）。

表 11-1　在胶州湾的湾口水域 As 的表层、底层含量差

月份　　站位	H36	H37	H35	H34	H82
5 月	正值	正值	负值	正值	正值
9 月	正值	正值	正值	负值	正值
10 月	正值	零值	正值	负值	负值

9 月，As 的表层、底层含量差为–1.19～0.85μg/L。在湾口内水域的 H36、H37 站位、湾口水域的 H35 站位和湾口外南部水域的 H82 站位为正值。在湾口外东北部水域的 H34 站位为负值。4 个站位为正值，1 个站位为负值（表 11-1）。

10 月，As 的表层、底层含量差为–0.29～2.41μg/L。在湾口内西南部水域、湾口水域和 H36、H35 站位为正值。在湾口内东北部水域的 H37 站位为零。在湾口外水域的 H34、H82 站位都为负值。2 个站位为正值，1 个站位为零，2 个站为负

值（表 11-1）。

11.3 来源对垂直分布的影响

11.3.1 沉 降 过 程

As 经过了垂直水体的效应作用[7]，穿过水体后发生了很大的变化。As 易与海水中的浮游动植物以及浮游颗粒结合。在夏季，海洋生物大量繁殖，数量迅速增加[5]，且由于浮游生物的繁殖活动，悬浮颗粒物表面形成胶体，此时胶体的吸附力最强，吸附了大量的 As 离子，并将其带入表层水体。在重力和水流的作用下，As 不断地沉降到海底[2]。因此，As 的沉降过程：As 从表层水体不断地沉降到海底的过程。

11.3.2 季节变化过程

在胶州湾湾口水域的表层水体中，5 月，As 含量从高值（4.30μg/L）开始下降，逐渐减小，到 9 月达到最低值（1.59μg/L），然后开始上升，到了 10 月，上升到较高值（2.93μg/L）。As 的表层含量由低到高的季节变化体现为：夏季、秋季、春季。这是由于在春季 As 来自地表径流、外海海流和河流的输送，含量都比较高。到了夏季，As 来自外海海流和河流的输送，到了湾口水域，As 含量已经下降许多，故夏季的 As 含量最低。到了秋季，As 来自地表径流和河流的输送，地表径流是在湾口附近水域，故秋季的 As 含量也比较高。这表明在胶州湾湾口水域的表层水体中，As 主要来自地表径流的输送。

As 经过了垂直水体的效应作用[7]，表层含量的变化决定了它底层含量的变化，以及 As 在底层含量的累积。表层的 As 含量在春季高的，通过沉降和累积，导致了水体中底层的 As 含量在夏季是高的。而在春季，通过短时沉降，水体中底层的 As 含量在春季不太高。而在秋季，由于表层的 As 含量在夏季很低，通过沉降和累积，水体中底层的 As 含量在秋季是非常低的。这样，水体中底层的 As 含量由低到高的季节变化为：秋季、春季和夏季。

11.3.3 垂 直 分 布

空间尺度上，在胶州湾的湾口水域，5 月，胶州湾湾口水域的水体中，表层As 的水平分布与底层的水平分布趋势是相反的。这表明，在春季 As 随着地表径流、外海海流和河流的输送，地表径流和河流的输送方向与外海海流的输送方向刚好相反，地表径流和河流的输送方向由湾内向湾外，而外海海流的输送方向由湾外向湾内。经过 As 离子被吸附于大量悬浮颗粒物表面，As 不断地沉降到海底，出现了三个来源输送的 As 在海底的叠加，这样，表层、底层的水平分布趋势是相反的。9 月和 10 月，胶州湾湾口水域的水体中，表层 As 的水平分布与底层的水平分布趋势是一致的。这表明由于 As 离子被吸附于大量悬浮颗粒物表面，在重力和水流的作用下，As 不断地沉降到海底。

　　变化尺度上，在胶州湾的湾口水域，5 月、9 月和 10 月，As 含量在表层、底层的变化量范围基本一样。5 月，由于 As 不断地沉降，表层含量高的，对应的底层含量就高。9 月，借助于 5 月表层的高含量，As 在海底累积的作用下，虽然 9 月表层的 As 含量比较低，但是其对应的底层含量却高。10 月，由于 9 月表层 As 含量比较低，海底累积的 As 含量就比较低，这样，虽然 10 月表层的 As 含量比较高，但是其对应的底层含量却比较低（表 11-2）。

表 11-2　在胶州湾湾口水域表层的 As 含量对底层的影响

As 含量/（μg/L）	5 月	9 月	10 月
表层	高	低	高
底层	高	高	低

　　垂直尺度上，在胶州湾的湾口水域，5 月、9 月和 10 月，在垂直水体的效应作用[7]下，As 含量损失比较大，其损失的范围为 0.04～2.56μg/L。因此，As 含量在表层、底层不相近，在表层、底层 As 含量也不具有一致性。

11.3.4　区域沉降

　　区域尺度上，在胶州湾的湾口水域，随着时间的变化，As 的表层、底层含量相减，其差也发生了变化，这个差值表明了 As 含量在表层、底层的变化。

　　当 As 从地表径流和河流输入后，首先到表层，通过迅速地、不断地沉降，到达海底，呈现了 As 含量在表层、底层的变化。

　　5 月、9 月和 10 月，在湾口内西南部水域的 H36 站位，这里的 As 来自于湾内地表径流的输送，导致了表层的 As 含量始终大于底层的。

　　5 月和 9 月，在湾口内东北部水域的 H37 站位，通过东部的河流输送，导致表层的 As 含量始终大于底层的。10 月，由于海水的均匀性[8]，表底层 As 含量几乎一样。

　　在湾口水域的 H35 站位，由于地表径流和河流的输送方向是由湾内向湾外，而外海海流的输送方向是由湾外向湾内，这样，5 月，表层的 As 含量小于底层的，而 9 月和 10 月，表层的 As 含量大于底层的。

5 月、9 月和 10 月，在湾口外东北部水域的 H34 站位，这里的 As 来自外海海流的输送，于是，5 月，当外海海流向海湾输送了 As，就呈现了表层的 As 含量大于底层的。9 月，当外海海流减少向海湾输送 As，同时又有河流的输送，就呈现了表层的 As 含量小于底层的。10 月，当外海海流停止向海湾输送 As，就呈现了表层的 As 含量小于底层的。

在湾口外南部水域的 H82 站位，这里的 As 来自于外海海流的输送，于是，5 月，当外海海流向海湾输送了 As，就呈现了表层的 As 含量大于底层的。9 月，当外海海流向海湾输送 As，就呈现了表层的 As 含量大于底层的。10 月，当外海海流停止向海湾输送 As，就呈现了表层的 As 含量小于底层的。

11.4　结　　论

As 的表层含量由低到高的季节变化为：夏季、秋季、春季。As 经过垂直水体的效应作用和沉降过程，发生了变化。产生了水体中底层的 As 含量由低到高的季节变化为：秋季、春季、夏季。

As 含量随着地表径流、外海海流和河流的输送，地表径流和河流的输送方向与外海海流的输送方向刚好相反，地表径流和河流的输送方向由湾内向湾外，而外海海流的输送方向由湾外向湾内。于是，5 月，在胶州湾湾口水域的水体中，表层 As 的水平分布与底层的水平分布趋势是相反的，9 月和 10 月，胶州湾湾口水域的水体中，表层 As 的水平分布与底层的水平分布趋势是一致的。在垂直水体的效应作用下，As 含量损失非常大，As 含量在表层、底层不相近。As 含量在海底累积的作用下，表层、底层也不具有一致性。因此，向胶州湾水域输送 As 的不同来源决定了胶州湾水域 As 含量的垂直分布变化。

参 考 文 献

[1] 杨东方, 宋文鹏, 陈生涛, 等. 胶州湾水域重金属砷的分布及含量. 海岸工程, 2012, 31(4): 47-55.

[2] 杨东方, 赵玉慧, 卜志国, 等. 胶州湾水域重金属砷的分布及迁移. 海洋开发与管理, 2014, 31(1): 109-112.

[3] Yang D F, Zhu S X, Wang F Y, et al. As sources in Jiaozhou Bay waters. Meteorological and Environmental Research, 2014, 5(5): 24-26.

[4] Yang D F, Chen Y, Gao Z H, et al. Silicon limitation on primary production and its destiny in Jiaozhou Bay, China IV Transect offshore the coast with estuaries. Chinese Journal of Oceanology and Limnology, 2005, 23(1): 72-90.

[5] 杨东方, 王凡, 高振会, 等. 胶州湾浮游藻类生态现象. 海洋科学, 2004, 28(6): 71-74.

[6] 国家海洋局. 海洋监测规范. 北京: 海洋出版社, 1991.

[7] Yang D F, Wang F Y, He H Z, et al. Vertical water body effect of benzene hexachloride. Proceedings of the 2015 International Symposium on Computers and Informatics, 2015: 2655-2660.

[8] 杨东方, 丁咨汝, 郑琳, 等. 胶州湾水域有机农药六六六的分布及均匀性. 海岸工程, 2011, 30(2): 66-74.

第 12 章　胶州湾水域 Zn 的来源

12.1　背　景

12.1.1　胶州湾自然环境

胶州湾地理位置为东经 120°04′～120°23′，北纬 35°58′～36°18′，在山东半岛南部，面积约为 446km^2，平均水深约 7m，是一个典型的半封闭型海湾。胶州湾入海的河流有大沽河和洋河，其径流量和含沙量较大，河水水文特征有明显的季节性变化[1,2]，还有海泊河、李村河、娄山河等小河流汇入胶州湾。

12.1.2　材料与方法

本研究所使用的 1982 年 4 月、6 月、7 月和 10 月胶州湾水体 Zn 的调查资料由国家海洋局北海监测中心提供。4 月、7 月和 10 月，在胶州湾水域设 5 个站位取水样：083、084、121、122、123；6 月，在胶州湾水域设 4 个站位取水样：H37、H39、H40、H41（图 12-1）。分别于 1982 年 4 月、6 月、7 月和 10 月 4 次进行取样，根据水深（＞10m 时取表层和底层，＜10m 时只取表层）进行调查采样。

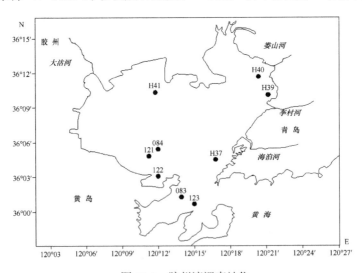

图 12-1　胶州湾调查站位

按照国家标准方法进行胶州湾水体 Zn 的调查，该方法被收录在国家的《海洋监测规范》（1991 年）中[3]。

12.2　含量及分布

12.2.1　含量大小

4 月、7 月和 10 月，胶州湾西南沿岸水域 Zn 的含量范围为 1.75～167.71μg/L。6 月，胶州湾东部和北部沿岸水域 Zn 含量范围为 8.31～36.97μg1/L。4 月、6 月、7 月和 10 月，Zn 在胶州湾水体中的含量范围为 1.75～167.71μg/L，都没有超过国家四类海水的水质标准（500.00μg/L）。4 月，胶州湾表层水质，在整个水域符合国家二类、三类和四类海水的水质标准，其中 Zn 的三类海水的水质标准为 100.00μg/L。6 月，胶州湾表层水体水质，在整个水域符合国家一类、二类海水的水质标准，其中 Zn 的二类海水的水质标准为 50.00μg/L。7 月和 10 月胶州湾表层水体水质，在整个水域符合国家一类海水的水质标准（20.00μg/L）。这表明 4 月、6 月、7 月和 10 月的胶州湾表层水质，在整个水域符合国家一类、二类、三类和四类海水的水质标准（表 12-1）。

表 12-1　4 月、6 月、7 月和 10 月的胶州湾表层水质

项目	4 月	6 月	7 月	10 月
Zn 含量/（μg/L）	37.90～167.71	8.31～36.97	7.05～12.18	1.75～5.25
国家海水标准	二类、三类和四类海水	一类、二类海水	一类海水	一类海水

12.2.2　表层水平分布

4 月、7 月和 10 月，在胶州湾水域设 5 个站位：083、084、121、122、123，这些站位均在胶州湾西南沿岸水域（图 12-1）。4 月，在西南沿岸水域 122 站位，Zn 含量相对较高，为 167.71μg/L，以西南沿岸水域站位 122 为中心形成了 Zn 的高含量区，形成了一系列不同梯度的平行线。Zn 从中心的高含量（167.71μg/L）向湾内水域沿梯度递减到 37.90μg/L（图 12-2）。7 月，在西南沿岸水域 121 站位，Zn 含量相对较高（12.18μg/L），以 121 站位为中心形成了 Zn 的高含量区，形成了一系列不同梯度的平行线。Zn 从中心的高含量（12.18μg/L）向湾西南近岸水域沿梯度递减到 7.05μg/L（图 12-3）。10 月，西南沿岸水域 084 站位，Zn 含量相对较高，为 5.25μg/L，以 084 站位为中心形成了 Zn 的高含量区，形成了一系列不同梯度的平行线。Zn 从中心的高含量（5.25μg/L）向湾西南近岸水域沿梯度递减到 1.75μg/L（图 12-4）。

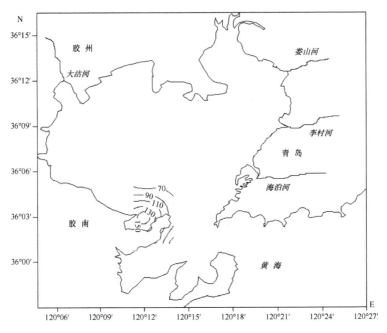

图 12-2　4 月表层 Zn 含量的分布（μg/L）

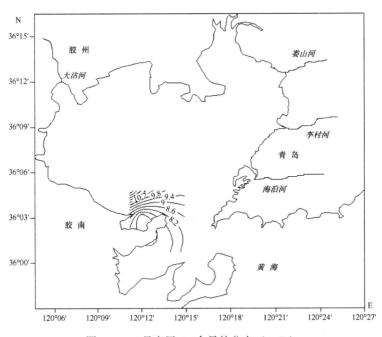

图 12-3　7 月表层 Zn 含量的分布（μg/L）

6月，在胶州湾水域设4个站位：H37、H39、H40、H41，这些站位在胶州湾东部和北部沿岸水域（图12-1）。在湾口水域H37站位，Zn的含量达到最高（36.97μg/L）。表层Zn含量的等值线（图12-5）展示了以湾口水域为中心，形成了一系列不同梯

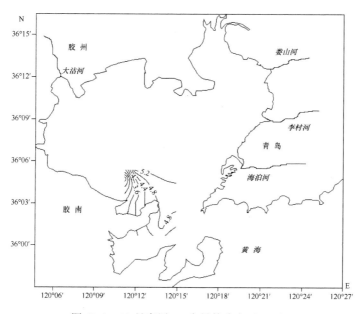

图 12-4　10 月表层 Zn 含量的分布（μg/L）

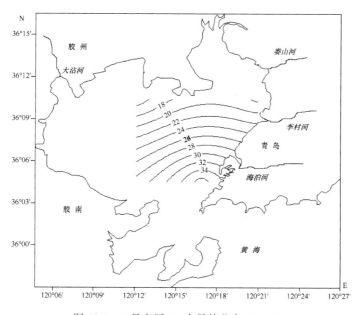

图 12-5　6 月表层 Zn 含量的分布（μg/L）

度的平行线。Zn 从中心的高含量（36.97μg/L）沿梯度下降，Zn 的含量值从湾南湾口的 36.97μg/L 降低到湾底北部的 8.31μg/L，这说明在胶州湾水体中，从外海海域通过湾口，沿着从湾外到湾内的海流方向，Zn 含量在不断地递减（图 12-5）。

12.3 水质及来源

12.3.1 水 质

4 月、7 月和 10 月，胶州湾西南沿岸水域 Zn 含量范围为 1.75～167.71μg/L，都符合国家四类海水的水质标准（500.00μg/L）。6 月，胶州湾东部和北部沿岸水域 Zn 含量范围为 8.31～36.97μg/L。符合国家二类海水的水质标准。这表明在 Zn 含量方面，胶州湾西南沿岸水域比胶州湾东部和北部沿岸水域的污染程度要严重一些。

4 月、6 月、7 月和 10 月，Zn 在胶州湾水体中的含量范围为 1.75～167.71μg/L，各不同区域分别符合国家一类、二类、三类和四类海水的水质标准。这表明，从整个水域来看，Zn 含量非常高。因此，在整个胶州湾水域，水体受到 Zn 的严重污染。

12.3.2 来 源

4 月，胶州湾西南沿岸水域，形成了 Zn 的高含量区（167.71μg/L），并且形成了一系列不同梯度的半平行线，沿梯度在胶州湾西南沿岸水域向湾中心水域递减到 37.90μg/L。这表明，Zn 来自地表径流的输送。

7 月，胶州湾西南沿岸水域形成了 Zn 的高含量区（12.18μg/L），并且形成了一系列不同梯度的平行线，沿梯度向湾西南近岸水域递减到 7.05 μg/L。这表明 Zn 来自外海海流的输送。

10 月，胶州湾西南沿岸水域，形成了 Zn 的高含量区，浓度为 5.25μg/L，并且形成了一系列不同梯度的平行线，沿梯度向湾西南近岸水域递减到 1.75μg/L。这表明 Zn 来自外海海流的输送。

6 月，在湾口水域，Zn 的含量达到最高（36.97μg/L）。在胶州湾水体中，从外海海域通过湾口，沿着从湾外到湾内的海流方向，Zn 含量在不断地递减，降低到湾底北部的 8.31μg/L。这表明在胶州湾水域，Zn 来自外海海流的输送。

以上分析说明，胶州湾水域 Zn 的污染源是面污染源，主要来自地表径流、外海海流的输送。

12.4 结 论

在整个胶州湾水域，一年中，Zn 含量在不同区域分别达到了国家一类、二类、三类和四类海水的水质标准。在整个胶州湾水域，水体受到 Zn 的严重污染。

胶州湾水域 Zn 有两个来源：一个是近岸水域，来自地表径流的输入，其输入的 Zn 含量为 37.90～167.71μg/L；另一个是胶州湾的湾口水域，来自外海海流的输入，其输入的 Zn 含量为 1.75～36.97μg/L。

参 考 文 献

[1] 刘红霞, 李琼. 环境介质中锌的监测技术现状与展望. 环境科学与管理, 2002, 37(6): 132-137.

[2] Yang D F, Chen Y, Gao Z H, et al. Silicon limitation on primary production and its destiny in Jiaozhou Bay, China Ⅳ Transect offshore the coast with estuaries. Chinese Journal of Oceanology and Limnology, 2005, 23(1): 72-90.

[3] 国家海洋局. 海洋监测规范(HY003.4-91). 北京: 海洋出版社, 1991: 205-282.

第 13 章 胶州湾水域 Zn 的垂直分布

13.1 背 景

13.1.1 胶州湾自然环境

胶州湾地理位置为东经 120°04′~120°23′，北纬 35°58′~36°18′，在山东半岛南部，面积约为 446km²，平均水深约 7m，是一个典型的半封闭型海湾。胶州湾入海的河流有大沽河和洋河，其径流量和含沙量较大，河水水文特征有明显的季节性变化[1,2]。还有海泊河、李村河、娄山河等小河流入胶州湾。

13.1.2 材料与方法

本研究所使用的 1982 年 4 月、6 月、7 月和 10 月胶州湾水体 Zn 的调查资料由国家海洋局北海监测中心提供。4 月、7 月和 10 月，在胶州湾水域设 5 个站位取水样：083、084、121、122、123；6 月，在胶州湾水域设 4 个站位取水样：H37、H39、H40、H41（图 13-1）。分别于 1982 年 4 月、6 月、7 月和 10 月 4 次

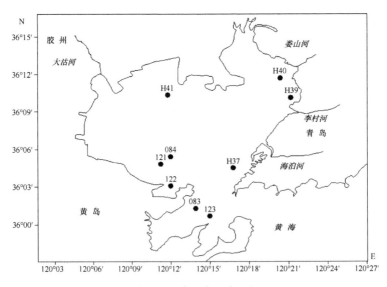

图 13-1 胶州湾调查站位

进行取样，根据水深（＞10m 时取表层和底层，＜10m 时只取表层）进行调查采样。按照国家标准方法进行胶州湾水体锌的调查，该方法被收录在国家的《海洋监测规范》（1991 年）中[3]。

13.2　水平及垂直分布

13.2.1　底层水平分布

4 月、7 月和 10 月，胶州湾西南沿岸底层水域 Zn 的含量范围为 2.13～137.34μg/L。在胶州湾的西南沿岸水域，从西南的近岸到东北的湾中心，Zn 含量形成了一系列梯度，沿梯度在增加（图 13-2～图 13-4）。4 月，从西南的近岸到东北的湾中心，沿梯度从 137.34μg/L 减少到 39.07μg/L（图 13-2）。7 月，从西南的近岸到东北的湾中心，沿梯度从 13.40μg/L 减少到 6.00μg/L（图 13-3）。10 月，从西南的近岸到东北的湾中心，沿梯度从 2.13μg/L 增加到 5.63μg/L（图 13-4）。

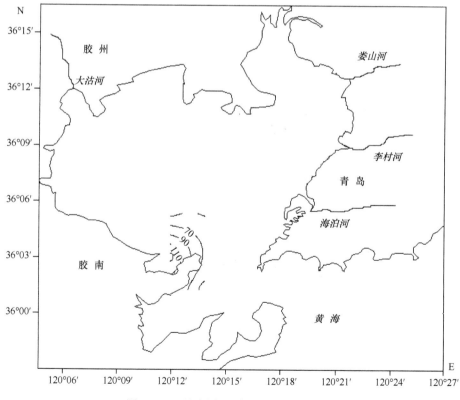

图 13-2　4 月底层 Zn 含量的分布（μg/L）

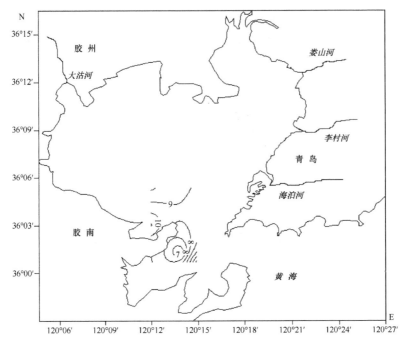

图 13-3 7 月底层 Zn 含量的分布（μg/L）

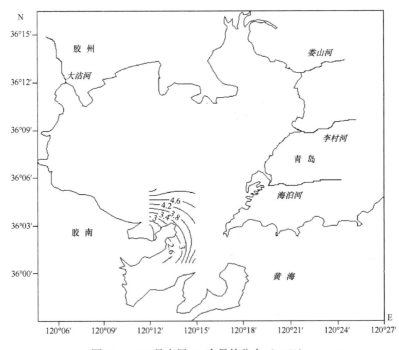

图 13-4 10 月底层 Zn 含量的分布（μg/L）

13.2.2　季 节 分 布

13.2.2.1　季节表层分布

胶州湾西南沿岸水域的表层水体中，4 月，水体中 Zn 的表层含量范围为 37.90～167.71μg/L；7 月，Zn 的表层含量范围为 7.05～12.18μg/L；10 月，Zn 的表层含量范围为 1.75～5.25μg/L。这表明 4 月、7 月和 10 月，水体中 Zn 的表层含量范围变化比较大，为 1.75～167.71μg/L，Zn 的表层含量由高到低依次为 4 月、7 月、10月。故得到水体中 Zn 的表层含量由高到低的季节变化为：春季、夏季、秋季。

13.2.2.2　季节底层分布

胶州湾西南沿岸水域的底层水体中，4 月，水体中 Zn 的底层含量范围为 39.07～137.34μg/L；7 月，Zn 的底层含量为 6.00～13.40μg/L；10 月，Zn 的底层含量为 2.13～5.63μg/L。这表明在 4 月、7 月和 10 月，水体中 Zn 的底层含量范围变化也不大，为 2.13～137.34μg/L，Zn 的底层含量由高到低依次为 4 月、7 月、10 月。因此，得到水体中 Zn 的底层含量由高到低的季节变化为：春季、夏季、秋季。

13.2.3　垂 直 分 布

13.2.3.1　含量变化

春季，Zn 的表层含量最高，为 37.90～167.71μg/L，其对应的底层含量最高，为 39.07～137.34μg/L。夏季，Zn 的表层含量较高，为 7.05～12.18μg/L 时，其对应的底层含量较高，为 6.00～13.40μg/L。秋季，Zn 的表层含量较低，为 1.75～5.25μg/L 时，其对应的底层含量较低，为 2.13～5.63μg/L。因此，在春季、夏季、秋季，Zn 的表层、底层含量都相近，而且，Zn 的表层含量高的，对应的底层含量就高；同样，Zn 的表层含量低的，对应的底层含量就低。

13.2.3.2　分布趋势

在胶州湾的西南沿岸水域，从西南的近岸到东北的湾中心进行分析。

4 月，在表层，Zn 含量沿梯度降低，从 167.71μg/L 降低到 37.90μg/L。在底层，Zn 含量沿梯度降低，从 137.34μg/L 降低到 39.07μg/L。这表明，表层、底层的水平分布趋势是一致的。

7月，在表层，Zn 含量沿梯度降低，从 12.18μg/L 降低到 7.05μg/L。在底层，Zn 含量沿梯度降低，从 13.40μg/L 降低到 6.00μg/L。这表明表层、底层的水平分布趋势也是一致的。

10月，在表层，Zn 含量沿梯度升高，从 1.75μg/L 升高到 5.25μg/L。在底层，Zn 含量沿梯度升高，从 2.13μg/L 升高到 5.63μg/L。这表明表层、底层的水平分布趋势也是一致的。

总之，4月、7月和10月，胶州湾西南沿岸水域的水体中，表层 Zn 的水平分布与底层分布趋势是一致的。

13.3 降解过程

13.3.1 季节变化过程

在胶州湾西南沿岸水域的表层水体中，4月，Zn 含量变化从高峰值（167.71 μg/L）开始下降，下降得非常快，到7月达到 12.18μg/L，然后进一步下降，逐渐减少，到了11月，则降低到低谷值 5.25μg/L。于是，Zn 的表层含量由高到低，再到更低的季节变化为：春季、夏季、秋季。因此，Zn 含量从春季的高峰值开始，大幅度地下降到夏季，然后进一步缓慢地下降到秋季。4月、7月和10月，Zn 来自地表径流的输送。这表明在胶州湾西南沿岸水域的表层水体中，Zn 含量的变化主要是由 Zn 在冬季的地表累积量变化来确定的。这是由于 Zn 在地表的累积，要经过一个长时间冬季的累积过程。到了第二年的春季，随着雨季的来临，雨水的冲刷将地表累积的 Zn 带到水体。因此，Zn 含量的季节变化中，在春季很高。虽然夏季的雨量增加，可是 Zn 的累积量却没有了。但经过一个冬季的时间，Zn 在地表的累积量非常大，虽然是通过地表径流的输送，但 Zn 含量仍非常高，为 167.71μg/L，达到四类海水的水质标准，水体受到 Zn 的严重污染。

13.3.2 降解过程

在海水中，Zn 易与浮游动植物及浮游颗粒结合，这一特性对 Zn 元素在海水中的垂直迁移产生了极大的影响。夏季，海洋生物大量繁殖，数量迅速增加[4,5]，且由于浮游生物的繁殖活动，悬浮颗粒物表面形成胶体，此时的吸附力最强，吸附了大量的锌离子，并将其带入表层水体，由于重力和水流的作用，Zn 不断地沉降到海底。

空间尺度上，6 月的表层水体中 Zn 水平分布证实了这样的迁移过程：在湾口表层水体中，Zn 的含量达到最高（36.97μg/L）。在胶州湾水体中，从外海域通过湾口，沿着从湾外到湾内的海流方向，Zn 含量在不断地递减，降低到湾底北部的 8.31μg/L。这表明在胶州湾水域，Zn 来自外海海流的输送。由于 Zn 离子被吸附于大量悬浮颗粒物表面，在重力和水流的作用下，Zn 不断地沉降到海底。于是，在表层水体中随着远离来源，Zn 含量也在不断地下降。

时间尺度上，4 月、7 月和 10 月，Zn 含量随着时间的变化也证实了这样的迁移过程：由于春季雨季的到来导致陆地累积的大量 Zn 随地表径流带入大海，4 月的 Zn 含量达到一年中的高峰值。随着降雨量的增加，夏季，7 月的 Zn 含量已经降低到低值。到了雨季结束，秋季，10 月的 Zn 含量达到一年中的最低值。这表明由于 Zn 离子被吸附于大量悬浮颗粒物表面，在重力和水流的作用下，Zn 不断地、迅速地沉降到海底。于是，在表层水体中 Zn 含量随着来源含量的减少在不断地下降。

13.4 结 论

（1）在胶州湾西南沿岸水域的表层水体中，Zn 含量从春季达到一年中的高峰值，然后迅速地下降到夏季的低值，再进一步缓慢地下降到秋季。4 月、7 月和 10 月，Zn 含量的变化主要是由 Zn 在冬季的地表累积量变化来确定的。因此，锌在春季的含量相对比较高。由于 Zn 在地表经过一个冬季的累积，其累积量非常大，虽然通过地表径流的输送，但 Zn 含量在水体中仍非常高，为 167.71μg/L，为四类海水的水质标准，水体受到 Zn 的严重污染。

（2）空间尺度上，6 月的表层水体中 Zn 的水平分布，时间尺度上，4 月、7 月和 10 月，Zn 含量随着时间的变化都证实了这样的迁移过程：由于 Zn 离子被吸附于大量悬浮颗粒物表面，在重力和水流的作用下，Zn 不断地沉降到海底。于是在表层水体中，随着远离来源，Zn 含量在不断地下降，同样，在表层水体中，随着来源含量的减少，Zn 含量也在不断地下降。

胶州湾水域 Zn 的垂直分布和季节变化展现了水体中 Zn 的迁移过程。了解胶州湾水域 Zn 的输送和迁移过程，可有效地控制和改善当地的环境状况。

参 考 文 献

[1] 马莉芳, 蒋晨, 高春生. 水体锌对水生动物毒性研究进展. 江西农业学报, 2013, 25(8): 73-76.

[2] Yang D F, Chen Y, Gao Z H, et al. SiLicon limitation on primary production and its destiny in

Jiaozhou Bay, China Ⅳ Transect offshore the coast with estuaries. Chinese Journal of Oceanology and Limnology, 2005, 23(1): 72-90.

[3] 国家海洋局. 海洋监测规范(HY003.4-91). 北京: 海洋出版社, 1991: 205-282.

[4] Shaw T, Brown V. The toxicity of some forms of copper to rainbow trout. Water Research, 1974, 8(6): 377- 382.

[5] 杨东方, 王凡, 高振会, 等. 胶州湾浮游藻类生态现象. 海洋科学, 2004, 28(6): 71-74.

第14章 强烈关注海洋和陆地受到的 Zn 污染

14.1 背 景

14.1.1 胶州湾自然环境

胶州湾位于山东半岛南部,其地理位置为东经 120°04′～120°23′,北纬 35°58′～36°18′,以团岛与薛家岛连线为界,与黄海相通,面积约为 446km²,平均水深约 7m,是一个典型的半封闭型海湾。胶州湾入海的河流有十几条,其中径流量和含沙量较大的为大沽河和洋河,青岛市区的海泊河、李村河和娄山河等,这些河流均属季节性河流,河水水文特征有明显的季节性变化[1~4]。

14.1.2 材料和方法

本研究所使用的 1983 年 5 月、9 月和 10 月胶州湾水体 Zn 的调查资料由国家海洋局北海监测中心提供。5 月、9 月和 10 月,在胶州湾水域设 5 个站位取表层、底层水样:H34、H35、H36、H37、H82(图 14-1)。分别于 1983 年 5 月、9 月和

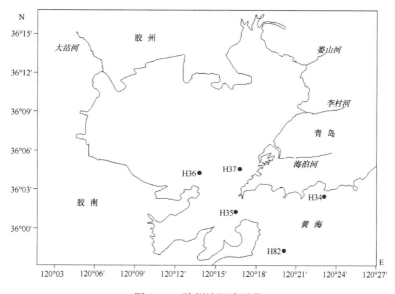

图 14-1 胶州湾调查站位

10 月 3 次进行取样，根据水深（＞10m 时取表层和底层，＜10m 时只取表层）进行调查采样。按照国家标准方法进行胶州湾水体 Zn 的调查，该方法被收录在国家的《海洋监测规范》（1991 年）中[5]。

14.2　含量及分布

14.2.1　含量大小

5 月，胶州湾水域 Zn 的含量范围为 1.96～117.50μg/L，已经超过国家三类海水的水质标准（100.00μg/L），符合国家四类海水的水质标准（500.00μg/L）。9 月，胶州湾水域 Zn 的含量范围为 7.14～42.50μg/L，符合国家二类海水的水质标准（50.00μg/L）。10 月，胶州湾水域 Zn 的含量范围为 2.36～14.00μg/L，没有超过国家一类海水的水质标准（20.00μg/L）。

5 月、9 月和 10 月，Zn 在胶州湾水体中的含量范围为 1.96～117.50μg/L，在不同水域分别符合国家一类海水的水质标准（20.00μg/L）、二类海水的水质标准（50.00μg/L）和三类海水的水质标准（100.00μg/L）及四类海水的水质标准（500.00μg/L）。这表明，在 Zn 含量方面，5 月、9 月和 10 月，在胶州湾整个水域，水质符合国家一类、二类、三类和四类海水的水质标准（表 14-1）。

表 14-1　5 月、9 月和 10 月的胶州湾表层水质

项目	5 月	9 月	10 月
Zn 含量/（μg/L）	1.96～117.50	7.14～42.50	2.36～14.00
国家海水标准	一类、二类、三类和四类海水	一类、二类海水	一类海水

14.2.2　表层水平分布

5 月，在湾外水域 H34 站位，Zn 含量相对较高，为 117.50μg/L，以湾外站位 H34 为中心形成了 Zn 的高含量区，沿着胶州湾的海湾通道从湾外到湾内，形成了一系列不同梯度的平行线。Zn 从中心的高含量（117.50μg/L）向湾口水域沿梯度递减到 3.06μg/L（图 14-2）。这说明在胶州湾水体中从外海域通过湾口，沿着从湾外到湾内的海流方向，Zn 含量在不断地递减（图 14-2）。在胶州湾北部的近岸水域 H41 站位，Zn 含量达到较高（84.62μg/L），以北部近岸水域为中心形成了 Zn 的高含量区，形成了一系列不同梯度的平行线。Zn 含量从中心的高含量（84.62μg/L）沿梯度递减到湾口水域的 3.06μg/L（图 14-2）。在胶州湾东北部，娄山河的入海口近岸水域 H40 站位，Zn 的含量达到较高（78.84μg/L），以东北部近岸水域为中心

形成了 Zn 的高含量区，形成了一系列不同梯度的半同心圆。Zn 含量从中心的高含量（78.84μg/L）沿梯度递减到湾口水域的 3.06μg/L（图 14-2）。

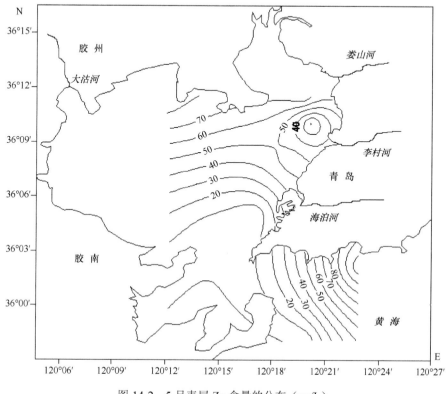

图 14-2　5 月表层 Zn 含量的分布（μg/L）

9 月，在胶州湾东部的近岸水域 H37 站位，Zn 含量达到较高（42.50μg/L），以东部近岸水域为中心形成了 Zn 的高含量区，形成了一系列不同梯度的半同心圆。Zn 从中心的高含量（42.50μg/L）沿梯度递减到湾口水域的 15.63μg/L（图 14-3）。在胶州湾东北部，娄山河、李村河和海泊河的入海口之间的近岸水域 H38、H39 站位，Zn 的含量达到低值范围（7.14～7.21μg/L），以三条河流的近岸水域为中心形成了 Zn 的低含量区（图 14-3）。

10 月，在胶州湾的湾口水域的 H35 站位，Zn 含量达到最高（14.00μg/L），以站位 H35 为中心形成了 Zn 的高含量区，形成了一系列不同梯度的半同心圆。Zn 含量从中心的高含量（14.00μg/L）向湾内的水域沿梯度递减到 2.36μg/L（图 14-4）。在胶州湾东北部，娄山河、李村河和海泊河的入海口之间的近岸水域 H38、H39 站位，Zn 的含量达到相对高值范围（13.08～13.82μg/L），以三条河流的近岸水域为中心形成了 Zn 的相对高含量区（图 14-4）。

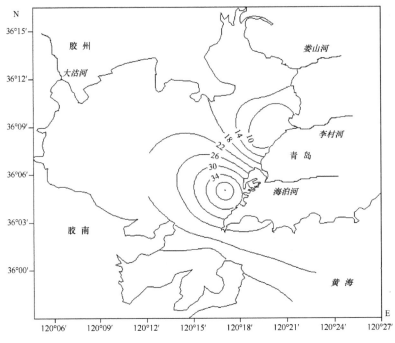

图 14-3　9 月表层 Zn 含量的分布（μg/L）

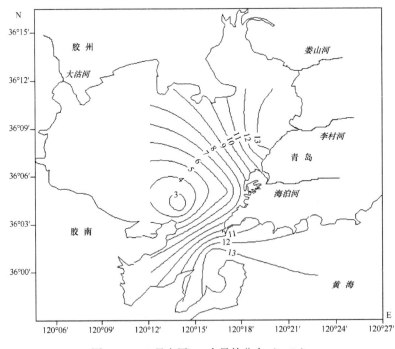

图 14-4　10 月表层 Zn 含量的分布（μg/L）

14.3　水质及来源

14.3.1　水　　质

5 月、9 月和 10 月，Zn 在胶州湾水体中的含量范围为 1.96～117.50μg/L，不同水域水体分别符合国家一类海水的水质标准（20.00μg/L）、二类海水的水质标准（50.00μg/L）和三类海水的水质标准（100.00μg/L）以及四类海水的水质标准（500.00μg/L）。这表明在 Zn 含量方面，5 月、9 月和 10 月，在胶州湾水域，水质受到 Zn 的严重污染。

5 月，Zn 在胶州湾水体中的含量范围为 1.96～117.50μg/L，胶州湾水域受到 Zn 的重度污染。在胶州湾，从湾口到湾内的整个水域，Zn 的含量变化范围为 3.06～84.62μg/L，这表明湾内水体水质，在 Zn 含量方面，达到了三类海水的水质标准，水体受到 Zn 的中度污染。在胶州湾外，Zn 含量达到比较高的 1.96～117.50μg/L，这展示了达到了四类海水的水质标准，水质受到了 Zn 的严重污染。

9 月，Zn 在胶州湾水体中的含量范围为 7.14～42.50μg/L，胶州湾水域受到 Zn 的轻度污染。在胶州湾的湾口内侧水域，Zn 的含量变化范围为 24.44～42.50μg/L，这表明湾口内侧水体水质，在 Zn 含量方面，符合二类海水的水质标准，水体受到 Zn 的轻度污染。可是，除了湾口内侧水域，在胶州湾水域，Zn 含量比较低，符合一类海水的水质标准。

10 月，Zn 在胶州湾水体中的含量范围为 2.36～14.00μg/L，符合国家一类海水的水质标准（20.00μg/L），胶州湾水域没有受到 Zn 的污染。在胶州湾东北部的近岸水域，Zn 含量相对比较高，为 13.08～13.82μg/L，但远远低于国家一类海水的水质标准。这表明在胶州湾水域，Zn 含量比较低，该水域没有受到 Zn 的污染。

14.3.2　来　　源

5 月，在胶州湾水体中，从外海海域通过湾口，沿着从湾外到湾内的海流方向，Zn 含量在不断地递减，这表明在胶州湾水域，Zn 来自外海海流的输送，其含量为 117.50μg/L。在胶州湾北部的近岸水域，形成了 Zn 的高含量区，这表明在胶州湾北部水域，Zn 来自地表径流的输送，其 Zn 含量为 84.62μg/L。在胶州湾东北部，娄山河的入海口近岸水域，形成了 Zn 的高含量区，这表明 Zn 来自河流的输送，其 Zn 含量为 78.84μg/L。

9 月，在胶州湾东部的近岸水域，形成了 Zn 的高含量区，这表明 Zn 来自船舶码头的输送，其 Zn 含量为 42.50μg/L。而在胶州湾东北部，娄山河、李村河和海泊河的入海口之间的近岸水域，形成了 Zn 的低含量区（7.14～7.21μg/L），表明 Zn 的来源是没有河流输送的。

10 月，在胶州湾的湾口水域，形成了 Zn 的高含量区，表明 Zn 来自近岸岛尖端的高含量输送，其含量为 14.00μg/L。在胶州湾东北部，娄山河、李村河和海泊河的入海口之间的近岸水域，形成了 Zn 的相对较高含量区，表明 Zn 来自河流的相对较高含量输送，其含量为 13.08～13.82μg/L。

胶州湾水域 Zn 有 5 个来源，主要是外海海流的输送、地表径流的输送、河流的输送、船舶码头的输送和近岸岛尖端的输送。外海海流输送的 Zn 含量为 117.50μg/L，地表径流输送的 Zn 含量为 84.62μg/L，河流输送的 Zn 含量为 13.08～78.84μg/L，船舶码头输送的 Zn 含量为 42.50μg/L，近岸岛尖端输送的 Zn 含量为 14.00μg/L。因此，外海海流的输送，给胶州湾输送的 Zn 含量符合国家四类海水的水质标准（500.00μg/L）；地表径流的输送，给胶州湾输送的 Zn 含量符合国家三类海水的水质标准（100.00μg/L）；陆地河流的输送，给胶州湾输送的 Zn 含量都符合国家一类（20.00μg/L）、二类（50.00μg/L）和三类海水的水质标准（100.00μg/L）；船舶码头的输送，给胶州湾输送的 Zn 含量符合国家二类海水的水质标准（50.00μg/L）；近岸岛尖端的输送，给胶州湾输送的 Zn 含量都小于国家一类海水的水质标准（20.00μg/L）。

这表明，外海海流受到 Zn 的重度污染，地表径流受到 Zn 的中度污染，河流受到 Zn 的从未污染到轻度污染再到中度污染，船舶码头受到 Zn 的轻度污染，近岸岛尖端没有受到 Zn 的污染（表 14-2）。

表 14-2　胶州湾不同来源的 Zn 含量

不同来源	外海海流的输送	地表径流的输送	河流的输送	船舶码头的输送	近岸岛尖端的输送
Zn 含量/（μg/L）	117.50	84.62	13.08～78.84	42.50	14.00

14.4　结　　论

5 月、9 月和 10 月，Zn 在胶州湾水体中的含量范围为 1.96～117.50μg/L，符合国家一类海水的水质标准（20.00μg/L）、二类海水的水质标准（50.00μg/L）和三类海水的水质标准（100.00μg/L）以及四类海水的水质标准（500.00μg/L）。这表明在 Zn 含量方面，5 月，在胶州湾水域，水质受到 Zn 的重度污染。9 月，在胶州湾水域，水质受到 Zn 的轻度污染。10 月，在胶州湾水域，水质没有受到 Zn

的污染。

胶州湾水域 Zn 有 5 个来源，主要来自外海海流的输送、地表径流的输送、河流的输送、船舶码头的输送和近岸岛尖端的输送。外海海流输送的 Zn 含量为 117.50μg/L，地表径流输送的 Zn 含量为 84.62μg/L，河流输送的 Zn 含量为 13.08～78.84μg/L，船舶码头输送的 Zn 含量为 42.50μg/L，近岸岛尖端输送的 Zn 含量为 14.00μg/L。这表明外海海流受到 Zn 的重度污染，地表径流受到 Zn 的中度污染，河流受到 Zn 的从未污染到轻度污染再到中度污染，船舶码头受到 Zn 的轻度污染，近岸岛尖端没有受到 Zn 的污染。

由此认为，在外海，海洋受到了 Zn 的重度污染。在胶州湾的周围陆地上，受到 Zn 的中度污染。在胶州湾的周围河流上，受到 Zn 的不同时间段的未污染、轻度污染和中度污染，在船舶码头受到了轻度污染，而在近岸岛尖端没有受到 Zn 的污染。因此，人类需要特别关注海洋的污染，尤其是 Zn 对海洋的污染。

参 考 文 献

[1]　Yang D F, Zhu S X, Wang F Y, et al. Contents and sources of Zn in Jiaozhou Bay. Advanced Materials Research, 2015, 1092-1093: 1013-1016.

[2]　Yang D F, Chen S T, Li B L, et al. Research on the distributions and migrations of Zn in marine bay. Advances in Intelligent Systems Research, 2015: 21-24.

[3]　Yang D F, Chen Y, Gao Z H, et al. SiLicon limitation on primary production and its destiny in Jiaozhou Bay, China IV transect offshore the coast with estuaries. Chinese Journal of Oceanology and Limnology, 2005, 23(1): 72-90.

[4]　杨东方, 王凡, 高振会, 等. 胶州湾浮游藻类生态现象. 海洋科学, 2004, 28(6): 71-74.

[5]　国家海洋局. 海洋监测规范. 北京: 海洋出版社, 1991.

第15章 胶州湾湾口阻拦 Zn 的入侵及隔离性

15.1 背 景

15.1.1 胶州湾自然环境

胶州湾位于山东半岛南部,其地理位置为东经 120°04′~120°23′,北纬 35°58′~36°18′,以团岛与薛家岛连线为界,与黄海相通,面积约为 446km²,平均水深约 7m,是一个典型的半封闭型海湾。胶州湾入海的河流有十几条,其中径流量和含沙量较大的为大沽河和洋河,青岛市区的海泊河、李村河和娄山河等,这些河流均属季节性河流,河水水文特征有明显的季节性变化[1~4]。

15.1.2 材料与方法

本研究所使用的 1983 年 5 月、9 月和 10 月胶州湾水体 Zn 的调查资料由国家海洋局北海监测中心提供。5 月、9 月和 10 月,在胶州湾水域设 5 个站位取表层、底层水样:H34、H35、H36、H37、H82(图 15-1)。分别于 1983 年 5 月、9 月和

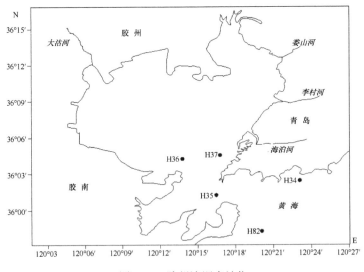

图 15-1 胶州湾调查站位

10月 3 次进行取样，根据水深（＞10m 时取表层和底层，＜10m 时只取表层）进行调查采样。按照国家标准方法进行胶州湾水体 Zn 的调查，该方法被收录在国家的《海洋监测规范》（1991 年）中[5]。

15.2　含量及分布

15.2.1　底层含量大小

5月，胶州湾水域 Zn 的含量范围为 1.24～120.66μg/L，已经超过国家三类海水的水质标准（100.00μg/L），符合国家四类海水的水质标准（500.00μg/L）。9月，胶州湾水域 Zn 的含量范围为 6.67～17.78μg/L，符合国家一类海水的水质标准（20.00μg/L）。10月，胶州湾水域 Zn 的含量范围为 4.72～24.44μg/L，符合国家二类海水的水质标准（50.00μg/L）。

5月、9月和10月，在胶州湾的湾口底层水域，Zn 含量的变化范围为 1.24～120.66μg/L，都符合国家一类海水的水质标准（20.00μg/L）、二类海水的水质标准（50.00μg/L）和三类海水的水质标准（100.00μg/L）以及四类海水的水质标准（500.00μg/L）。这表明在 Zn 含量方面，5月、9月和10月，在胶州湾的湾口底层水域，水质符合国家一类、二类、三类和四类海水的水质标准，有的区域受到了 Zn 的重度污染（表 15-1）。

表 15-1　5 月、9 月和 10 月的胶州湾底层水质

项目	5 月	9 月	10 月
海水中 Zn 含量/（μg/L）	1.24～120.66	6.67～17.78	4.72～24.44
国家海水标准	一类、二类、三类和四类海水	一类海水	一类、二类海水

15.2.2　底层水平分布

5月、9月和10月，在胶州湾湾口水域，从湾口内侧到湾口，再到湾口外侧，在胶州湾湾口水域的这些站位：H34、H35、H36、H37、H82，Zn 含量有底层的调查。那么 Zn 在底层的含量水平分布如下所述。

5月，在湾外水域 H34 站位，Zn 含量相对较高，为 120.66μg/L，以湾外站位 H34 为中心形成了 Zn 的高含量区，沿着胶州湾的海湾通道从湾外到湾内，形成了一系列不同梯度的平行线。Zn 含量从中心的高含量（120.66μg/L）向湾口水域沿梯度

递减到 1.24μg/L（图 15-2）。这说明在胶州湾水体中从外海域通过湾口，沿着从湾外到湾内的海流方向，Zn 含量在不断地递减（图 15-2）。

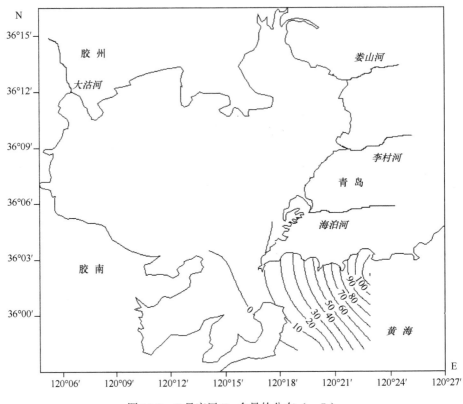

图 15-2　5 月底层 Zn 含量的分布（μg/L）

　　9 月，在湾外水域 H34 站位，Zn 含量相对较高，为 17.78μg/L，以湾外站位 H34 为中心形成了 Zn 的高含量区，沿着胶州湾的海湾通道从湾外到湾内，形成了一系列不同梯度的平行线。Zn 含量从中心的高含量（17.78μg/L）向湾口内侧水域沿梯度递减到 6.67μg/L（图 15-3）。这说明在胶州湾水体中从外海域通过湾口，沿着从湾外到湾内的海流方向，Zn 含量在不断地降低（图 15-3）。

　　10 月，在湾外水域 H82 站位，Zn 含量相对较高，为 24.44μg/L，以湾外站位 H34 为中心形成了 Zn 的高含量区，沿着胶州湾的海湾通道从湾外到湾内，形成了一系列不同梯度的平行线。Zn 含量从中心的高含量（24.44μg/L）向湾口水域沿梯度递减到 4.72μg/L（图 15-4）。这说明在胶州湾水体中从外海域通过湾口，沿着从湾外到湾内的海流方向，Zn 含量在不断地递减（图 15-4）。

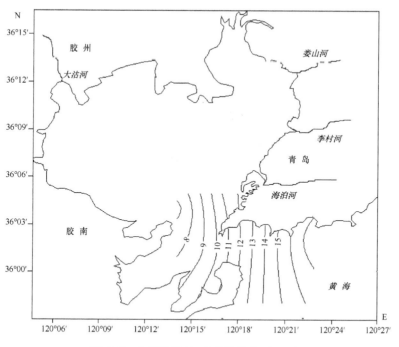

图 15-3　9 月底层 Zn 含量的分布（μg/L）

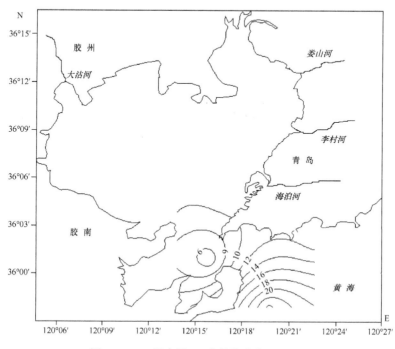

图 15-4　10 月底层 Zn 含量的分布（μg/L）

15.3 拦阻及隔离

15.3.1 水　质

在胶州湾水域，Zn 有 5 个来源，即外海海流的输送、地表径流的输送、河流的输送、船舶码头的输送和近岸岛尖端的输送。Zn 先来到水域的表层，然后从表层穿过水体，来到底层，经过了垂直水体的效应作用[6]，呈现了 Zn 含量在胶州湾的湾口底层水域变化范围为 1.24～120.66μg/L。在 Zn 含量方面，5 月、9 月和 10 月，在胶州湾的湾口底层水域，水质符合国家一类、二类、三类和四类海水的水质标准，一些水域受到 Zn 的重度污染。

5 月，在胶州湾的湾口底层水体中，Zn 含量范围为 1.24～120.66μg/L，胶州湾水域受到 Zn 的重度污染。在胶州湾的湾口内侧水域和湾口水域，Zn 的含量变化范围为 1.24～2.13μg/L，这表明湾口和湾口内侧的水质，在 Zn 含量方面，符合一类海水的水质标准，水质清洁，没有受到 Zn 的污染。在湾口外侧，Zn 含量比较高，为 1.94～120.66μg/L，这展示了该海域在 Zn 浓度方面为四类海水的水质标准，水体受到了 Zn 的重度污染。

9 月，Zn 在胶州湾水体中的含量范围为 6.67～17.78μg/L，胶州湾水域没有受到 Zn 的污染。在胶州湾的湾口内侧水域和湾口水域，Zn 的含量变化范围为 6.67～11.11μg/L，这表明湾口和湾口内侧的水质，在 Zn 含量方面，符合一类海水的水质标准，水质清洁，没有受到 Zn 的污染。在湾口外侧，Zn 含量比较高（14.31～17.78μg/L），这展示了在 Zn 含量方面，符合一类海水的水质标准，水质清洁，没有受到 Zn 的污染。

10 月，Zn 在胶州湾水体中的含量范围为 4.72～24.44μg/L，胶州湾水域受到 Zn 的轻度污染。在胶州湾的湾口内侧水域和湾口水域，Zn 的含量变化范围为 4.72～11.25μg/L，这表明湾口和湾口内侧的水质，在 Zn 含量方面，符合一类海水的水质标准，水质清洁，没有受到 Zn 的污染。在湾口外侧，Zn 含量比较高，为 11.00～24.44μg/L，这展示了在 Zn 含量方面，海水水质在 Zn 浓度方面达到了二类海水的水质标准，水质受到 Zn 的轻度污染。

5 月、9 月和 10 月，在胶州湾的湾口底层水体中，湾口内侧水域和湾口水域，在 Zn 含量方面，符合一类海水的水质标准，水质清洁，没有受到 Zn 的污染。而在湾口外测，5 月，水质受到 Zn 的重度污染；9 月，水质没有受到 Zn 的污染；10 月，水质受到了 Zn 的轻度污染。

15.3.2　湾口的阻拦

在胶州湾，湾内海水经过湾口与外海海水交换，湾内的高物质浓度不断地降低[7]。然而，湾外的高物质浓度是否也能够降低呢。

5 月、9 月和 10 月，在胶州湾的湾口底层水域，从湾口外侧到湾口，再到湾口内侧，Zn 含量从湾外高含量区到湾内水域沿梯度递减。这展示了：在湾口外侧，Zn 含量的高沉降率；在湾口内侧，Zn 含量的低沉降率。作者认为：在胶州湾，湾内海水经过湾口与外海海水交换，湾外的 Zn 含量，经过了湾口到湾内其浓度在不断地降低。作者对此提出结论：在所有的海湾，湾内海水经过湾口与外海海水交换，无论湾外的物质还是湾内的物质，经过了湾口其高浓度都在不断地降低。

在胶州湾的湾口底层水域，5 月、9 月和 10 月，都出现了湾口外侧 Zn 含量的高值区和湾口内侧 Zn 含量的低值区。这表明，胶州湾的湾口犹如过滤器、隔离器和筛子，将污染物质过滤到湾外、隔离到湾外、筛留到湾外。

15.3.3　隔离性过程

海洋的潮汐、海流对海洋中所有物质的都带来带去，在奔波输送。然而，在海湾的湾口，水流的速度很快，却将一些物质隔离在湾外。在湾口外侧和湾口内侧分别出现了物质含量的高值区和低值区。这样，海洋中所有物质的含量在海洋的水体中都会有高低的分布，故海洋具有隔离性。

在胶州湾，外海海流给胶州湾的湾口外水体表层带来了大量的 Zn（1.96～117.50μg/L），经过了垂直水体的效应作用[6]，呈现了在胶州湾的湾口外 Zn 的高含量：5 月，在胶州湾的湾口外底层水域 Zn 的高含量（1.94～120.66μg/L），以及在胶州湾的湾口内底层水域 Zn 的低含量（1.24～2.13μg/L）。呈现了在胶州湾的湾口外 Zn 的中含量：10 月，在胶州湾的湾口外底层水域 Zn 的高含量（11.00～24.44μg/L），以及在胶州湾的湾口内底层水域 Zn 的低含量（4.72～11.25μg/L）。呈现了在胶州湾的湾口外 Zn 的低含量：9 月，在胶州湾的湾口外底层水域 Zn 的高含量（14.31～17.78μg/L），以及在胶州湾的湾口内底层水域 Zn 的低含量（6.67～11.11μg/L）。5 月、9 月和 10 月，无论在胶州湾的湾口外底层水域 Zn 是高、中、低含量，在胶州湾的湾口内底层水域 Zn 都是低含量，充分证明了海洋具有隔离性，即使在偏僻的浅水海湾，海水也能够达到，水流的速度也相当快，可是海洋却将物质隔离，不能将物质带到海湾。

15.4 结 论

5 月、9 月和 10 月，Zn 含量在胶州湾的湾口底层水域变化范围为 1.24～120.66μg/L，水质符合国家一类、二类、三类和四类海水的水质标准，水质受到了 Zn 的重度污染。

5 月、9 月和 10 月，在胶州湾的湾口底层水体中，在湾口内侧水域和湾口水域，在 Zn 含量方面，符合一类海水的水质标准，水质清洁，没有受到 Zn 的污染。而在湾口外测，5 月，水体受到了 Zn 的重度污染；9 月，水体没有受到 Zn 的污染；10 月，水体受到了 Zn 的轻度污染。作者提出结论：在所有的海湾，湾内海水经过湾口与外海海水交换，无论湾外的物质还是湾内的物质，经过了湾口其高浓度都在不断地降低。

5 月、9 月和 10 月，都出现了湾口外侧 Zn 含量的高值区和湾口内侧 Zn 含量的低值区。5 月、9 月和 10 月，无论在胶州湾的湾口外底层水域出现 Zn 的高、中、低含量，在胶州湾的湾口内底层水域都一直出现 Zn 的低含量，充分支持和证明了作者提出的规律：海洋具有隔离性。

参 考 文 献

[1] Yang D F, Zhu S X, Wang F Y, et al. Contents and sources of Zn in Jiaozhou Bay. Advanced Materials Research, 2015, 1092-1093: 1013-1016.

[2] Yang D F, Chen S T, Li B L, et al. Research on the distributions and migrations of Zn in marine bay. Advances in intelligent systems research, 2015: 21-24.

[3] Yang D F, Chen Y, Gao Z H, et al. Silicon limitation on primary production and its destiny in Jiaozhou Bay, China IV Transect offshore the coast with estuaries. Chinese Journal of Oceanology and Limnology, 2005, 23(1): 72-90.

[4] 杨东方, 王凡, 高振会, 等. 胶州湾浮游藻类生态现象. 海洋科学, 2004, 28(6): 71-74.

[5] 国家海洋局. 海洋监测规范. 北京: 海洋出版社, 1991.

[6] Yang D F, Wang F Y, He H Z, et al. Vertical water body effect of benzene hexachloride. Proceedings of the 2015 international symposium on computers and informatics, 2015: 2655-2660.

[7] 杨东方, 苗振清, 徐焕志, 等. 胶州湾海水交换的时间. 海洋环境科学, 2013, 32(3): 373-380.

第16章 胶州湾水域 Zn 垂直迁移的特征及过程

16.1 背 景

16.1.1 胶州湾自然环境

胶州湾位于山东半岛南部，其地理位置为东经 120°04′～120°23′，北纬 35°58′～36°18′，以团岛与薛家岛连线为界，与黄海相通，面积约为 446km²，平均水深约 7m，是一个典型的半封闭型海湾。胶州湾入海的河流有十几条，其中径流量和含沙量较大的为大沽河和洋河，青岛市区的海泊河、李村河和娄山河等，这些河流均属季节性河流，河水水文特征有明显的季节性变化[1~4]。

16.1.2 材料与方法

本研究所使用的 1983 年 5 月、9 月和 10 月胶州湾水体 Zn 的调查资料由国家海洋局北海监测中心提供。5 月、9 月和 10 月，在胶州湾水域设 5 个站位取表层、底层水样：H34、H35、H36、H37、H82（图 16-1）。分别于 1983 年 5 月、9 月和

图 16-1　胶州湾调查站位

10 月 3 次进行取样，根据水深（＞10m 时取表层和底层，＜10m 时只取表层），进行调查采样。按照国家标准方法进行胶州湾水体 Zn 的调查，该方法被收录在国家的《海洋监测规范》（1991 年）中[5]。

16.2　表底层分布

16.2.1　表层季节分布

在胶州湾湾口水域的表层水体中，5 月，水体中 Zn 的表层含量范围为 1.96～117.50μg/L；9 月，Zn 的表层含量范围为 7.14～42.50μg/L；10 月，Zn 的表层含量范围为 2.36～14.00μg/L。这表明 5 月、9 月和 10 月，水体中 Zn 的表层含量范围变化比较大，为 1.96～117.50μg/L，Zn 的表层含量由低到高依次为 10 月、9 月、5 月。故得到水体中 Zn 的表层含量由低到高的季节变化为秋季、夏季和春季。

16.2.2　底层季节分布

在胶州湾湾口水域的底层水体中，5 月，水体中 Zn 的底层含量范围为 1.24～120.66μg/L；9 月，Zn 的底层含量范围为 6.67～17.78μg/L；10 月，Zn 的底层含量范围为 4.72～24.44μg/L。这表明 5 月、9 月和 10 月，水体中 Zn 的底层含量范围变化也比较大，为 1.24～120.66μg/L，Zn 的底层含量由低到高依次为 9 月、10 月、5 月。因此，得到水体中底层的 Zn 含量由低到高的季节变化为：夏季、秋季、春季。

16.2.3　表底层水平分布趋势

在胶州湾的湾口水域，从胶州湾的湾口外近岸水域 H34 站位到湾口水域 H35 站位，表底层 Zn 含量水平分布趋势如下所述。

5 月，在表层，Zn 含量沿梯度降低，从 117.50μg/L 降低到 3.06μg/L。在底层，Zn 含量沿梯度降低，从 120.66μg/L 降低到 1.24μg/L。这表明表层、底层的 Zn 含量水平分布趋势是一致的。

9 月，在表层，Zn 含量沿梯度降低，从 25.71μg/L 降低到 15.63μg/L。在底层，Zn 含量沿梯度降低，从 17.78μg/L 降低到 9.38μg/L。这表明表层、底层的 Zn 含量水平分布趋势是一致的。

10 月，在表层，Zn 含量沿梯度上升，从 12.00μg/L 上升到 14.00μg/L。在底层，Zn 含量沿梯度降低，从 11.00μg/L 降低到 4.72μg/L。这表明表层、底层的 Zn

含量水平分布趋势是相反的。

5 月和 9 月，胶州湾湾口水域的水体中，表层 Zn 的水平分布与底层的水平分布趋势是一致的。而 10 月，胶州湾湾口水域的水体中，表层 Zn 的水平分布与底层的水平分布趋势是相反的。

16.2.4　表底层变化范围

在胶州湾的湾口水域，5 月，表层含量很高（1.96～117.50μg/L）时，其对应的底层含量就很高（1.24～120.66μg/L）。9 月，表层含量较高（7.14～42.50μg/L）时，其对应的底层含量就较高（6.67～17.78μg/L）。10 月，表层含量较低（2.36～14.00μg/L）时，其对应的底层含量就较高（4.72～24.44μg/L）。而且，Zn 的表层含量变化范围（1.96～117.50μg/L）小于底层的（1.24～120.66μg/L），变化量基本一样。因此，Zn 的表层含量高的，对应的底层含量就高。

16.2.5　表底层垂直变化

5 月、9 月和 10 月，在这些站位：H34、H35、H36、H37、H82，Zn 的表层、底层含量相减，其差为–10.59～31.39μg/L。这表明 Zn 的表层、底层含量都相近。

5 月，Zn 的表层、底层含量差为–3.16～3.15μg/L。在湾口内水域的 H36 和 H37 站位、在湾口水域的 H35 站位和湾外南部水域的 H82 站位都为正值，在湾外东北部水域的 H34 站位为负值。4 个站位为正值，1 个站位为负值（表 16-1）。

表 16-1　在胶州湾的湾口水域 Zn 的表层、底层含量差

月份 ＼ 站位	H36	H37	H35	H34	H82
5 月	正值	正值	正值	负值	正值
9 月	正值	正值	正值	正值	正值
10 月	负值	负值	正值	正值	负值

9 月，Zn 的表层、底层含量差为 1.64～31.39μg/L。在湾口内西南部水域、湾口内东北部水域、湾口水域、湾口外东北部水域和湾口外南部水域的 H36、H37、H35、H34、H82 站位为正值。5 个站位全都为正值（表 16-1）。

10 月，Zn 的表层、底层含量差为–10.59～9.28μg/L。在湾口水域、湾口外东北部水域的 H35、H34 站位为正值。在湾口内西南部水域、湾口内东北部水域和湾口外南部水域的 H36、H37 和 H82 站位为负值。2 个站位为正值，3 个站位为负值（表 16-1）。

16.3　垂直迁移特征及过程

16.3.1　沉降过程

Zn 经过了垂直水体的效应作用[6]，穿过水体后发生了很大的变化。Zn 离子的亲水性强，Zn 易与海水中的浮游动植物以及浮游颗粒结合。在夏季，海洋生物大量繁殖，数量迅速增加[4]，且由于浮游生物的繁殖活动，悬浮颗粒物表面形成胶体，此时的吸附力最强，吸附了大量的 Zn 离子，并将其带入表层水体，由于重力和水流的作用，Zn 不断地沉降到海底[2]。因此，Zn 的迁移过程即是 Zn 从表层水体不断地沉降到海底的过程。

16.3.2　季节变化过程

在胶州湾湾口水域的表层水体中，5 月，Zn 含量从最高值（117.50μg/L）开始下降，逐渐减少，到 9 月达到低值 42.50μg/L，然后继续下降，到了 10 月，则下降到最低值 14.00μg/L。于是，Zn 的表层含量由低到高的季节变化为：秋季、夏季、春季。

这是由于在春季 Zn 来自外海海流的输送，含量比较高，故春季的 Zn 含量最高。到了夏季，Zn 来自船舶码头的输送，Zn 含量比较低，故夏季的 Zn 含量最低。到了秋季，Zn 来自近岸岛尖端的输送，Zn 含量达到了最低值，故秋季的 Zn 含量最低。

以上分析表明，在胶州湾湾口水域的表层水体中，由于 Zn 离子被吸附于大量悬浮颗粒物表面，在重力和水流的作用下，Zn 不断地沉降到海底。Zn 经过了垂直水体的效应作用[6]，Zn 表层含量的变化决定了 Zn 底层含量的变化，同时，Zn 在底层有累积作用。展示了水体中底层的 Zn 含量由低到高的季节变化为：夏季、秋季、春季。由于在春季 Zn 的表层含量最高，通过 Zn 的沉降，在春季底层的 Zn 含量最高。由于夏季、秋季的 Zn 表层含量相近，且由于 Zn 不断地沉降到海底，通过 Zn 在底层含量的累积作用，于是有秋季底层的 Zn 含量比夏季底层的 Zn 含量高，但远远小于春季的含量。

16.3.3　空间沉降

空间尺度上，在胶州湾的湾口水域，5 月，Zn 来自外海海流的输送，含量比较高。表层 Zn 的水平分布与底层的水平分布趋势是一致的。这表明由于 Zn 离子被吸附于大量悬浮颗粒物表面，在重力和水流的作用下，Zn 不断地沉降到海底。于是，Zn 含量在表层、底层沿梯度的变化趋势是一致的。

到了 9 月，虽然 Zn 来自外海海流的输送已经结束了，可是，经过了长时间的重力和水流的作用，Zn 不断地沉降到海底，导致了 Zn 底层水平分布与表层水平分布的变化趋势仍然一致。

到了 10 月，Zn 来自外海海流的输送早已结束了，于是，在表层 Zn 的水平分布发生了改变，而 Zn 的底层水平分布还是与以前一样，这是由于 Zn 在底层的累积作用，于是，胶州湾湾口水域的水体中，表层 Zn 的水平分布与底层的水平分布趋势是相反的。

因此，Zn 在输送的作用下，表层、底层的水平分布呈现下降，当输送结束时，表层的水平分布依然呈现下降，而底层的水平分布也呈现下降，当输送结束后经过一段时间，表层的水平分布就呈现上升了，而底层的水平分布仍然呈现下降。这就是 Zn 的空间沉降过程。

16.3.4　变化沉降

变化尺度上，在胶州湾湾口水域，5 月、9 月和 10 月，Zn 含量在表层、底层的变化量范围基本一样。而且，Zn 的表层含量高的，对应的底层含量就高。这展示了 Zn 迅速地、不断地沉降到海底，导致了 Zn 的表层含量高的，对应的底层含量就高。这也展示了 Zn 迅速地、不断地沉降到海底，而且 Zn 在底层含量的累积作用，导致了 Zn 的表层含量比较高和比较低时，对应的底层含量就高。因此，Zn 在表层、底层含量的变化保持了一致性。

16.3.5　垂　直　沉　降

垂直尺度上，在胶州湾湾口水域，5 月、9 月和 10 月，当 Zn 含量无论低还是高时，在垂直水体的效应作用[6]下，都几乎没有多少损失和累积。当 Zn 含量低时，在垂直水体的效应作用[6]下，Zn 含量损失的绝对量为 1.96–1.24=0.72（μg/L），Zn 含量损失的相对量为 36.7%。当 Zn 含量高时，在垂直水体的效应作用[6]下，Zn 含量累积的绝对量为 120.66–117.50=3.16（μg/L），Zn 含量累积的相对量为 2.6%。

因此，当 Zn 含量低时，Zn 含量在表层、底层保持了相近。当 Zn 含量高时，Zn 含量在表层、底层也保持了相近。这展示了 Zn 含量能够从表层很迅速地通过水体到达海底。在表层、底层 Zn 含量都具有一致性。

16.3.6 区域沉降

区域尺度上，在胶州湾的湾口水域，随着时间的变化，Zn 的表层含量在不断减少，将 Zn 的表层、底层含量相减，其差也发生了变化，这个差值表明了 Zn 含量在表层、底层的变化。当 Zn 向胶州湾输入后，首先到表层，通过迅速地、不断地沉降到海底，呈现了 Zn 含量在表层、底层的变化。

5 月，Zn 来自外海海流的输送，其含量非常高。从湾外南部水域到湾口水域，再到湾口内水域呈现了表层的 Zn 含量大于底层的，只有在湾外东北部水域表层的 Zn 含量小于底层的。在湾外东北部水域表层 Zn 含量非常高，可是，在这个水域的底层 Zn 含量会更高，这表明在这个水域，Zn 的沉积也是巨大的，沉降的速率也是很高的。除了湾外东北部水域，在整个湾口水域，表层的 Zn 含量大于底层，这表明来自外海海流输送的 Zn 含量非常高，使得表层水域呈现了 Zn 的高含量，有利于浮游植物及其他生物的生长。

9 月，Zn 来自船舶码头的输送，含量比较低。从湾口内水域到湾口水域，再到湾外水域都呈现了表层 Zn 含量大于底层。这表明在整个湾口水域，表层的 Zn 含量大于底层的，这表明来自船舶码头输送的 Zn 含量虽然不是很高，但与底层相比，表层水域呈现了 Zn 含量相对比较高，这也有利于浮游植物及其他生物的生长。

10 月，Zn 来自近岸岛尖端的输送，含量非常低。在湾外东北部水域和湾口水域呈现了表层的 Zn 含量大于底层的，湾口内水域和湾外南部水域表层的 Zn 含量小于底层的。这表明来自近岸岛尖端输送的 Zn 含量非常低，在表层扩展的范围也只有湾外东北部水域和湾口水域，这个水域的面积也非常小。这样，大部分水域表层的 Zn 含量小于底层的，也说明这是由于 Zn 在底层含量有累积作用。

因此，外海海流给胶州湾输送了高含量的 Zn，这样，除了湾外东北部水域，从湾口内水域到湾口水域，再到湾外水域都呈现了表层 Zn 含量大于底层的。船舶码头给胶州湾输送了低含量的 Zn，从湾口内水域到湾口水域，再到湾外水域也都呈现了表层 Zn 含量大于底层的。近岸岛尖端给胶州湾输送了非常低含量的 Zn，大部分湾口内水域和湾外南部水域，表层的 Zn 含量小于底层的，小部分湾外东北部水域和湾口，表层的 Zn 含量大于底层的，这展示了表层水域有非常低含量的 Zn，以及在 Zn 不断地沉降到海底的过程中，在底层的累积作用。

16.4 结 论

Zn 的表层含量由低到高的季节变化为：秋季、夏季、春季，水体中底层的

Zn 含量由低到高的季节变化为：夏季、秋季、春季。这是由于 Zn 经过了垂直水体的效应作用，Zn 含量发生了变化。

空间尺度上，Zn 在输送的作用下，表层、底层的水平分布呈现下降，当输送结束时，表层的水平分布依然呈现下降，而底层的水平分布也依然呈现下降，当输送结束后经过一段时间，表层的水平分布就呈现上升了，而底层的水平分布仍然呈现下降。这就是 Zn 含量的空间沉降过程。

变化尺度上，在胶州湾的湾口水域，5 月、9 月和 10 月，Zn 含量在表层、底层的变化量范围基本一样。而且，Zn 迅速地、不断地沉降到海底，导致了 Zn 含量在表层、底层含量变化保持了一致性。

垂直尺度上，当 Zn 含量低时，Zn 含量在表层、底层保持了相近。当 Zn 含量高时，Zn 含量在表层、底层也保持了相近。这展示了 Zn 能够从表层很迅速地通过水体到达海底。在表层、底层 Zn 含量具有一致性。

区域尺度上，外海海流给胶州湾输送了高含量的 Zn，这样，除了湾外东北部水域，从湾口内水域到湾口水域，再到湾外水域都呈现了表层 Zn 含量大于底层的现象。船舶码头给胶州湾输送了低含量的 Zn，从湾口内水域到湾口水域，再到湾外水域也都呈现了表层 Zn 含量大于底层的现象。近岸岛尖端给胶州湾输送了非常低含量的 Zn，湾口内水域和湾外南部水域表层的 Zn 含量都小于底层的，湾外东北部水域和湾口水域表层的 Zn 含量大于底层的，这证实了 Zn 的迁移过程。

在胶州湾的湾口水域，Zn 含量的垂直分布和季节变化展示了水平水体的效应作用和垂直水体的效应作用，也揭示了 Zn 含量的水平迁移过程和垂直沉降过程。

参 考 文 献

[1] Yang D F, Zhu S X, Wang F Y, et al. Contents and sources of Zn in Jiaozhou Bay. Advanced Materials Research, 2015, 1092-1093: 1013-1016.

[2] Yang D F, Chen S T, Li B L, et al. Research on the distributions and migrations of Zn in marine bay. Advances in Intelligent Systems Research, 2015: 21-24.

[3] Yang D F, Chen Y, Gao Z H, et al. Silicon limitation on primary production and its destiny in Jiaozhou Bay, China Ⅳ Transect offshore the coast with estuaries. Chinese Journal of Oceanology and Limnology, 2005, 23(1): 72-90.

[4] 杨东方, 王凡, 高振会, 等. 胶州湾浮游藻类生态现象. 海洋科学, 2004, 28(6): 71-74.

[5] 国家海洋局. 海洋监测规范. 北京: 海洋出版社, 1991.

[6] Yang D F, Wang F Y, He H Z, et al. Vertical water body effect of benzene hexachloride. Proceedings of the 2015 international symposium on computers and informatics, 2015: 2655-2660.

第17章 胶州湾水域氰化物的来源

17.1 背 景

17.1.1 胶州湾自然环境

胶州湾地理位置为东经 120°04′~120°23′，北纬 35°58′~36°18′，在山东半岛南部，面积约为 446km²，平均水深约 7m，是一个典型的半封闭型海湾。胶州湾入海的河流有大沽河和洋河，其径流量和含沙量较大，河水水文特征有明显的季节性变化[1,2]，还有海泊河、李村河、娄山河等小河流入胶州湾。

17.1.2 材料与方法

本研究所使用的 1982 年 4 月、6 月、7 月和 10 月胶州湾水体氰化物的调查资料由国家海洋局北海监测中心提供。4 月、7 月和 10 月，在胶州湾水域设 5 个站位取水样：083、084、121、122、123；6 月，在胶州湾水域设 4 个站位取水样：H37、H39、H40、H41（图 17-1）。分别于 1982 年 4 月、6 月、7 月和 10 月

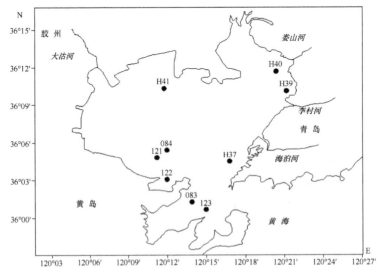

图 17-1 胶州湾调查站位

4 次进行取样，根据水深（＞10m 时取表层和底层，＜10m 时只取表层）进行调查采样。按照国家标准方法进行胶州湾水体氰化物的调查，该方法被收录在国家的《海洋监测规范》（1991 年）中[3]。

17.2　含量及分布

17.2.1　含量大小

4 月、7 月和 10 月，胶州湾西南沿岸水域氰化物含量范围为 0.02～0.31μg/L。6 月，胶州湾东部和北部沿岸水域氰化物含量范围 0.10～0.28μg/L。4 月、6 月、7 月和 10 月，氰化物在胶州湾水体中的含量范围为 0.02～0.31μg/L，都没有超过国家一类海水的水质标准。这表明在氧化物方面，4 月、6 月、7 月和 10 月胶州湾表层水体水质，在整个水域符合国家一类海水水质标准（5.00μg/L）（表 17-1）。由于氰化物含量在胶州湾整个水域都远远小于 5.00μg/L，说明在氰化物含量方面，胶州湾整个水域，水质清洁，没有受到氰化物的污染。

表 17-1　4 月、6 月、7 月和 10 月的胶州湾表层水质

项目	4 月	6 月	7 月	10 月
氰化物含量/（μg/L）	0.06～0.12	0.10～0.28	0.07～0.27	0.02～0.31
国家海水标准	一类海水	一类海水	一类海水	一类海水

17.2.2　表层水平分布

4 月、7 月和 10 月，在胶州湾水域设 5 个站位：083、084、121、122、123，这些站位在胶州湾西南沿岸水域（图 17-1）。4 月，在西南沿岸水域 084 站位，氰化物含量相对较高，为 0.12μg/L，以站位 084 为中心形成了氰化物的高含量区，形成了一系列不同梯度的平行线。氰化物含量从中心的高含量（0.12μg/L）向湾口水域沿梯度递减到 0.06μg/L。7 月，在西南沿岸水域 121 站位，氰化物含量相对较高，为 0.27μg/L，以 121 站位为中心形成了氰化物的高含量区，形成了一系列不同梯度的平行线。氰化物含量从中心的高含量（0.27μg/L）向湾中心水域沿梯度递减到 0.07μg/L（图 17-2）。10 月，西南沿岸水域 121 站位，氰化物含量相对较高，为 0.31μg/L，以 121 站位为中心形成了氰化物的高含量区，形成了一系列不同梯度的平行线。氰化物含量从中心的高含量（0.31μg/L）向湾中心水域或者向湾口水域沿梯度递减到 0.02μg/L（图 17-3）。

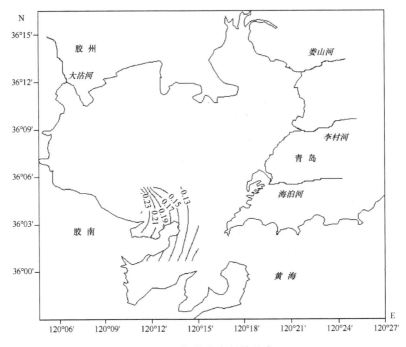

图 17-2　7 月表层氰化物含量的分布（μg/L）

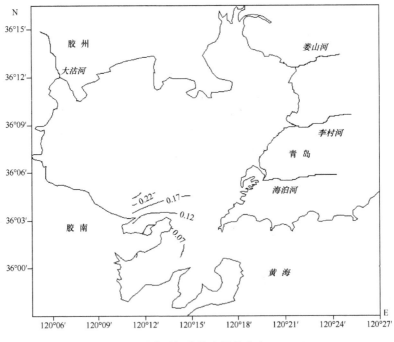

图 17-3　10 月表层氰化物含量的分布（μg/L）

　　6 月，在胶州湾水域设 4 个站位：H37、H39、H40、H41，这些站位在胶州湾东部和北部沿岸水域（图 17-1）。在娄山河的入海口水域 H40 站位，氰化物的含量达到最高（0.28μg/L）。表层氰化物含量的等值线（图 17-4），展示以娄山河的入海口水域为中心，形成了一系列不同梯度的平行线。氰化物含量从中心的高含量（0.28μg/L）沿梯度下降，氰化物的含量从湾底东北部的 0.28μg/L 降低到湾西南湾口的 0.10μg/L，这说明在胶州湾水体中沿着娄山河的河流方向，氰化物含量在不断地递减（图 17-4）。

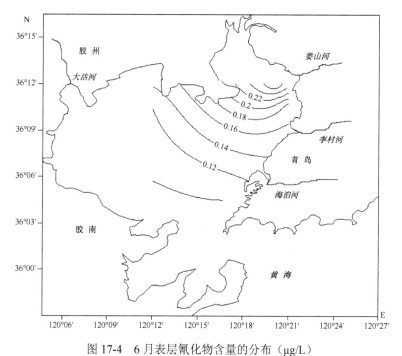

图 17-4　6 月表层氰化物含量的分布（μg/L）

17.3　水质及来源

17.3.1　水　　质

　　4 月、7 月和 10 月，胶州湾西南沿岸水域氰化物含量范围为 0.02～0.31μg/L，都符合国家一类海水的水质标准（5.00μg/L）。6 月，胶州湾东部和北部沿岸水域氰化物含量范围为 0.10～0.28μg/L，也符合国家一类海水的水质标准。这表明在氰化物方面，胶州湾西南沿岸水域、胶州湾东部和北部沿岸水域在氰化物的污染程度方面都比较轻一些。

4月、6月、7月和10月，氰化物在胶州湾水体中的含量范围为0.02～0.31μg/L，都符合国家一类海水的水质标准，而且低于一类海水的水质标准（5.00μg/L）。这表明氰化物含量非常低，水体没有受到人为的氰化物污染。因此，在整个胶州湾水域，氰化物含量符合国家一类海水的水质标准，水质没有受到任何氰化物的污染。

17.3.2 来　　源

4月、7月和10月，胶州湾西南沿岸水域，形成了氰化物的高含量区，并且形成了一系列不同梯度的半个平行线，沿梯度在胶州湾西南沿岸水域向周围水域递减，如向湾中心或者向湾口等水域。这表明了氰化物来自地表径流的输送。

6月，在娄山河的入海口水域，氰化物的含量达到最高（0.28μg/L）。在胶州湾水体中，沿着娄山河的河流方向，氰化物含量在不断地递减，降低到湾口的0.10μg/L。这表明在胶州湾水域，氰化物来自陆地河流的输送。

因此，胶州湾水域氰化物的污染源是面污染源，主要来自地表径流的输送、陆地河流的输送。

17.4 结　　论

（1）在整个胶州湾水域，一年中氰化物含量都达到了国家一类海水的水质标准（5.00μg/L）。这表明水体没有受到人为的氰化物污染。因此，在整个胶州湾水域，水质没有受到任何氰化物的污染。

（2）在胶州湾水域氰化物有两个来源。一个是近岸水域，来自地表径流的输入，其输入的氰化物含量为0.02～0.31μg/L；另一个是河流的入海口水域，来自陆地河流的输入，其输入的氰化物含量为0.10～0.28μg/L。

胶州湾水域中的氰化物主要来源于地表径流和陆地河流的输送，胶州湾水域没有受到人为的氰化物污染。

参 考 文 献

[1] 仲崇波, 王成功, 陈炳辰. 氰化物的危害及其处理方法综述. 金属矿山, 2001, (5): 44-47.

[2] Yang D F, Chen Y, Gao Z H, et al. Silicon limitation on primary production and its destiny in Jiaozhou Bay, China Ⅳ Transect offshore the coast with estuaries. Chinese Journal of Oceanology and Limnology, 2005, 23(1): 72-90.

[3] 国家海洋局. 海洋监测规范(HY003.4-91). 北京: 海洋出版社, 1991: 205-282.

第18章 胶州湾水域氰化物的垂直分布

18.1 背 景

18.1.1 胶州湾自然环境

胶州湾地理位置为东经 120°04′～120°23′，北纬 35°58′～36°18′，在山东半岛南部，面积约为 446km²，平均水深约 7m，是一个典型的半封闭型海湾。胶州湾入海的河流有大沽河和洋河，其径流量和含沙量较大，河水水文特征有明显的季节性变化[1,2]。还有海泊河、李村河、娄山河等小河也流入胶州湾。

18.1.2 材料和方法

本研究所使用的 1982 年 4 月、6 月、7 月和 10 月胶州湾水体氰化物的调查资料由国家海洋局北海监测中心提供。4 月、7 月和 10 月，在胶州湾水域设 5 个站位取水样：083、084、121、122、123；6 月，在胶州湾水域设 4 个站位取水样：H37、H39、H40、H41（图 18-1）。分别于 1982 年 4 月、6 月、7 月和 10 月

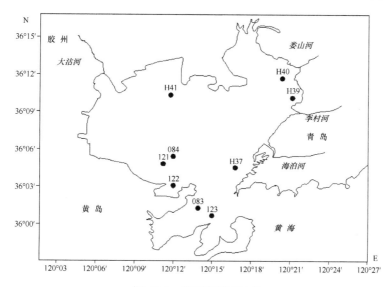

图 18-1　胶州湾调查站位

4 次进行取样，根据水深（＞10m 时取表层和底层，＜10m 时只取表层）进行调查采样。按照国家标准方法进行胶州湾水体氰化物的调查，该方法被收录在国家的《海洋监测规范》（1991 年）中[3]。

18.2 底 层 分 布

18.2.1 底层水平分布

4 月、7 月和 10 月，胶州湾西南沿岸底层水域氰化物的含量范围为 0.02～0.15μg/L。在胶州湾的西南沿岸底层水域，从西南的近岸水域到东北的湾中心水域，氰化物含量形成了一系列梯度，沿梯度在减少（图 18-2、图 18-3）。

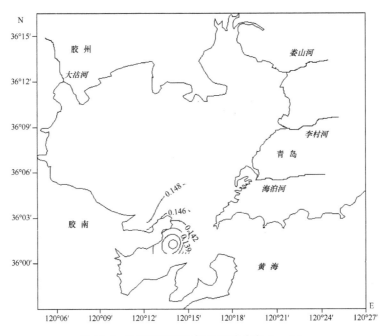

图 18-2　7 月底层氰化物含量的分布（μg/L）

4 月，在西南沿岸水域 084 站位，氰化物含量相对较高（0.14μg/L），以站位 084 为中心形成了氰化物的高含量区，形成了一系列不同梯度的平行线。氰化物从中心的高含量（0.14μg/L）向湾口水域沿梯度递减到 0.08μg/L。

7 月，在西南沿岸水域 121 站位，氰化物含量相对较高（0.15μg/L），以 121 站位为中心形成了氰化物的高含量区，形成了一系列不同梯度的平行线。氰化物从中心的高含量（0.15μg/L）向湾中心水域沿梯度递减到 0.13μg/L（图 18-2）。

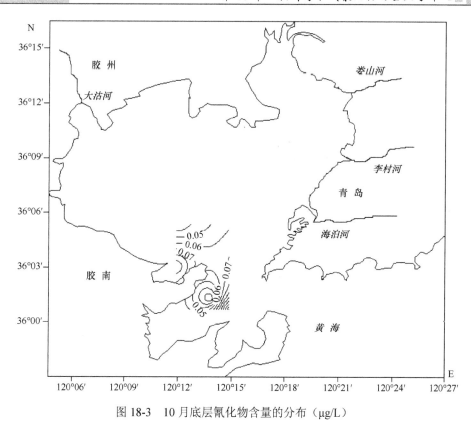

图 18-3　10 月底层氰化物含量的分布（μg/L）

10 月，湾口水域 123 站位，氰化物含量相对较高（0.14μg/L），以 123 站位为中心形成了氰化物的高含量区，形成了一系列不同梯度的平行线。氰化物从中心的高含量（0.14μg/L）向西南沿岸水域或者向湾中心水域沿梯度递减到 0.02μg/L（图 18-3）。

18.2.2　季　节　分　布

18.2.2.1　季节表层分布

胶州湾西南沿岸水域的表层水体中，4 月，水体中氰化物的表层含量范围为 0.06～0.12μg/L；7 月，氰化物的表层含量范围为 0.07～0.27μg/L；10 月，氰化物的表层含量范围为 0.02～0.31μg/L。这表明 4 月、7 月和 10 月，水体中氰化物的表层含量范围变化不大（0.02～0.31μg/L），氰化物的表层含量由高到低依次为 10 月、7 月、4 月。故得到水体中氰化物的表层含量由高到低的季节变化为秋季、夏季、春季。

18.2.2.2 季节底层分布

胶州湾西南沿岸水域的底层水体中，4 月，水体中氰化物的底层含量范围为 0.08～0.14μg/L；7 月，氰化物的底层含量范围为 0.13～0.15μg/L；10 月，氰化物的底层含量范围为 0.02～0.14μg/L。这表明在 4 月、7 月和 10 月，水体中氰化物的底层含量范围变化也不大（0.02～0.14 μg/L），氰化物的底层含量由高到低依次为 7 月、4 月、10 月。因此，得到水体中氰化物的底层含量由高到低的季节变化为：夏季、春季、秋季。

18.2.3 垂 直 分 布

18.2.3.1 含量变化

春季，氰化物的表层含量较低（0.06～0.12μg/L），其对应的底层含量较高（0.08～0.14μg/L）。夏季，氰化物的表层含量较高（0.07～0.27μg/L）时，其对应的底层含量最高为 0.13～0.15μg/L。秋季,氰化物的表层含量最高(0.02～0.31μg/L)时，其对应的底层含量较高（0.02～0.14μg/L）。

于是，春季，氰化物的表层、底层含量的相差为 0.02～0.02μg/L；夏季，氰化物的表层、底层含量的相差为 0.06～0.12μg/L；秋季，氰化物的表层、底层含量的相差为 0.00～0.17μg/L。因此，春季、夏季、秋季，氰化物的表层、底层含量都相近，而且，氰化物的表层高值的含量变化范围为 0.12～0.31μg/L，氰化物的底层高值含量变化范围为 0.14～0.15μg/L。氰化物的底层高值含量几乎没有变化，没有受到表层高值含量变化的影响。

18.2.3.2 分布趋势

在胶州湾的西南沿岸水域，从西南的近岸到东北的湾中心。

4 月，表层氰化物的含量沿梯度降低，从 0.12μg/L 降低到 0.06μg/L。底层氰化物的含量沿梯度降低，从 0.14μg/L 降低到 0.08μg/L。这表明表层、底层的水平分布趋势是一致的。

7 月，表层氰化物的含量沿梯度降低，从 0.27μg/L 降低到 0.07μg/L。底层氰化物的含量沿梯度降低，从 0.15μg/L 降低到 0.13μg/L。这表明表层、底层的水平分布趋势也是一致的。

10 月，表层氰化物的含量沿梯度降低，从 0.31μg/L 降低到 0.02μg/L。在底层，氰化物的含量沿梯度降低，从 0.14μg/L 降低到 0.02μg/L。这表明表层、底层的水平分布趋势也是一致的。

总之，4 月、7 月和 10 月，胶州湾西南沿岸水域的水体中，表层氰化物的水平分布与底层分布趋势是一致的。

18.3　变化及降解过程

18.3.1　季节变化过程

在胶州湾西南沿岸水域的表层水体中，4 月，氰化物含量变化从低值 0.12μg/L 开始上升，逐渐增加，到 7 月达到高值 0.27μg/L，然后开始进一步上升，逐渐增加，到了 11 月，则上升到高峰值 0.31μg/L。于是，氰化物的表层含量由低到高，再到最高的季节变化为：春季、夏季、秋季。因此，氰化物含量从春季开始，上升到夏季的高值，然后再上升到秋季。4 月、7 月和 10 月，氰化物来自地表径流的输送。这表明在胶州湾西南沿岸水域的表层水体中，氰化物含量的变化主要由雨量的变化来确定。因此，氰化物含量随季节变化，在秋季、夏季相对比较高。但由于是地表径流的输送，故氰化物含量较低，水质没有受到任何氰化物的污染。

18.3.2　降　解　过　程

在海水中，重金属络合离子少、利于氰化物降解的微生物种群多、紫外线等高能射线强度大、活性氯与溶解氧浓度高都利于氰化物在海水中的去除[4]。而且，在天然河流中充足的紫外线、溶解氧、细菌等微生物活动对氰化物的降解起着很大的作用[5]。夏季，紫外线的辐射强度大，时间长。同时，夏季，海洋生物大量繁殖，数量迅速增加[6]，如浮游植物的大量繁殖，产生了大量的溶解氧，微生物的大量繁殖，种群增多，降解了大量的氰化物。因此，氰化物的降解过程：氰化物在表层水体不断地被紫外线、微生物、溶解氧降解的过程。

空间尺度上，6 月的表层水体中氰化物水平分布证实了这样的降解过程：东北部表层水体中氰化物的含量很高（0.28μg/L），氰化物的含量大小由东北向西南方向递减，降低到湾西南湾口的 0.10μg/L。这表明在紫外线、微生物、溶解氧的作用下，氰化物在不断地被降解。于是，在表层水体中氰化物含量随着远离来源在不断地下降。

空间尺度上，4 月、7 月和 10 月，水体中氰化物垂直分布证实了这样的降解过程：氰化物的表层高值的含量变化范围为 0.12～0.31μg/L，氰化物的底层高值含量的变化范围为 0.14～0.15μg/L。氰化物的底层高值含量几乎没有变化，没有受到表层高值含量变化的影响。这表明在表层水体中，紫外线、微生物、溶解氧对氰化物进行降解，于是，在表层水体中氰化物含量变化没有影响到底层的氰化物含量。

18.4 结 论

（1）在胶州湾西南沿岸水域的表层水体中，氰化物含量从春季开始，上升到夏季的高值，然后再上升到秋季的高峰值。4月、7月和10月，氰化物含量的变化主要由雨量的变化来确定。因此，氰化物含量随季节变化，在夏季、秋季相对比较高。但由于是地表径流的输送，故氰化物含量较低，水质没有受到任何氰化物的污染。

（2）空间尺度上，6月的表层水体中氰化物水平分布与4月、7月和10月的氰化物垂直分布，都证实了这样的降解过程：在紫外线、微生物、溶解氧的作用下，氰化物不断地被降解。于是，在表层水体中氰化物含量随着远离来源在不断地下降，同样，在表层水体中氰化物含量随着来源含量的减少在不断地下降。

胶州湾水域氰化物的垂直分布和季节变化证实了水体氰化物的降解过程。了解胶州湾水域氰化物的输送过程和降解过程，可有效地控制和改善当地环境状况。

参 考 文 献

[1] 胡望钧. 常见有毒化学品环境事故应急处置技术与监测方法. 北京: 中国环境科学出版社, 1993.

[2] Yang D F, Chen Y, Gao Z H, et al. SiLicon limitation on primary production and its destiny in Jiaozhou Bay, China IV Transect offshore the coast with estuaries. Chinese Journal of Oceanology and Limnology, 2005, 23(1): 72-90.

[3] 国家海洋局. 海洋监测规范(HY003.4-91). 北京: 海洋出版社, 1991: 205-282.

[4] 杜淑芬. 含氰海水自净实验的研究. 黄金, 1997, 18: 51-54.

[5] 李社红, 郑宝山.某金矿氰化物灾害排放的环境影响预测. 环境科学, 2000, (21): 69-72.

[6] 杨东方, 王凡, 高振会, 等. 胶州湾浮游藻类生态现象. 海洋科学, 2004, 28(6): 71-74.

第19章　给胶州湾水体输送的微量氰化物

19.1　背　景

19.1.1　胶州湾自然环境

胶州湾位于山东半岛南部，其地理位置为东经 120°04′～120°23′，北纬 35°58′～36°18′，以团岛与薛家岛连线为界，与黄海相通，面积约为 446km²，平均水深约 7m，是一个典型的半封闭型海湾。胶州湾入海的河流有十几条，其中径流量和含沙量较大的为大沽河和洋河，青岛市区的海泊河、李村河和娄山河等，这些河流均属季节性河流，河水水文特征有明显的季节性变化[1~4]。

19.1.2　材料和方法

本研究所使用的 1983 年 5 月、9 月和 10 月胶州湾水体氰化物的调查资料由国家海洋局北海监测中心提供。5 月、9 月和 10 月，在胶州湾水域设 5 个站位取表层、底层水样：H34、H35、H36、H37、H82（图 19-1）。分别于 1983 年 5 月、

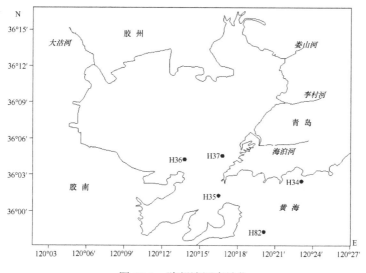

图 19-1　胶州湾调查站位

9 月和 10 月 3 次进行取样，根据水深（＞10m 时取表层和底层，＜10m 时只取表层）进行调查采样。按照国家标准方法进行胶州湾水体氰化物的调查，该方法被收录在国家的《海洋监测规范》（1991 年）中[5]。

19.2　含量及分布

19.2.1　含　量　大　小

5 月、9 月和 10 月，胶州湾东部沿岸水域氰化物含量比较高，其他沿岸水域氰化物含量比较低。5 月，胶州湾水域氰化物含量范围为 0.03～0.14μg/L，符合国家一类海水的水质标准（5.00μg/L）。9 月，胶州湾水域氰化物含量范围为 0.02～0.42μg/L，符合国家一类海水的水质标准。10 月，胶州湾水域氰化物含量范围为 0.13～0.46μg/L，符合国家一类海水的水质标准。

5 月、9 月和 10 月，氰化物在胶州湾水体中的含量范围为 0.02～0.46μg/L，都符合国家一类海水的水质标准（5.00μg/L）（表 19-1）。由于氰化物含量在胶州湾的整个水域都远远小于 5.00μg/L，说明在氰化物含量方面，胶州湾整个水域，水质清洁，没有受到氰化物的污染。

表 19-1　5 月、9 月和 10 月的胶州湾表层水质

项目	5 月	9 月	10 月
氰化物含量/（μg/L）	0.03～0.14	0.02～0.42	0.13～0.46
国家海水标准	一类海水	一类海水	一类海水

19.2.2　表层水平分布

5 月，在胶州湾东部，李村河和海泊河的入海口之间的近岸水域 H38 站位，氰化物的含量达到较高（0.14μg/L），以东部近岸水域为中心形成了氰化物的高含量区，形成了一系列不同梯度的半同心圆。氰化物从中心的高含量（0.14μg/L）沿梯度递减到湾南部水域的 0.03μg/L（图 19-2）。

9 月，在胶州湾东部接近湾口近岸水域的 H37 站位，氰化物的含量为 0.42μg/L，而在湾口水域 H35 站位，氰化物的含量为 0.17μg/L，在湾外水域 H82 站位，氰化物的含量为 0.02μg/L。这样，以东部近岸水域 H37 站位为中心形成了氰化物的高含量区，形成了一系列不同梯度的半同心圆。氰化物含量从中心的高含量（0.42μg/L）沿梯度递减到湾口水域的 0.17μg/L，甚至沿梯度递减到湾口外部的 0.02μg/L（图 19-3）。

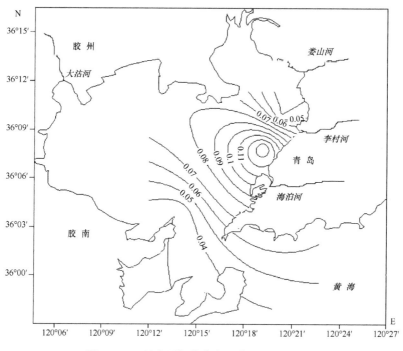

图 19-2　5 月表层氰化物含量的分布（μg/L）

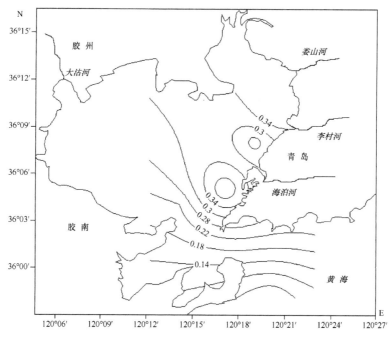

图 19-3　9 月表层氰化物含量的分布（μg/L）

10 月，在胶州湾东部，李村河和海泊河的入海口之间的近岸水域 H38 站位，氰化物的含量达到较高（0.46μg/L），以东部近岸水域为中心形成了氰化物的高含量区，形成了一系列不同梯度的半个同心圆。氰化物含量从中心的高含量（0.46μg/L）沿梯度递减到湾南部湾口水域的 0.14μg/L（图 19-4）。

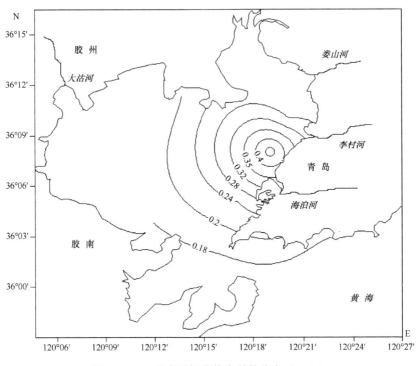

图 19-4　10 月表层氰化物含量的分布（μg/L）

19.3　水质及来源

19.3.1　水　　质

5 月、9 月和 10 月，胶州湾东部沿岸水域氰化物含量比较高，其他沿岸水域氰化物含量比较低。这表明在胶州湾的东部沿岸水域，水体受到了氰化物的轻微污染。

5 月、9 月和 10 月，氰化物在胶州湾水体中的含量范围为 0.02~0.46μg/L，都符合国家一类海水的水质标准（5.00μg/L）。由于氰化物含量在胶州湾的整个水域都远远小于 5.00μg/L，在胶州湾整个水域，水质清洁，水体没有受到氰化物的任何污染。

19.3.2　来　　源

5 月，在胶州湾东部，李村河和海泊河入海口之间的近岸水域，形成了氰化物的较高含量区，表明氰化物来自河流的较高含量输送，其氰化物含量为 0.14μg/L。

9 月，在胶州湾东部的近岸水域，形成了氰化物的高含量区，表明氰化物来自船舶码头的输送，其氰化物含量为 0.42μg/L。

10 月，在胶州湾东部，李村河和海泊河的入海口之间的近岸水域，形成了氰化物的较高含量区，表明氰化物来自河流的较高含量输送，其氰化物含量为 0.46μg/L。

胶州湾水域氰化物只有两个来源：河流的输送、船舶码头的输送。来自河流输送的氰化物含量为 0.14~0.46μg/L，来自船舶码头输送的氰化物含量为 0.42 μg/L。因此，陆地河流的输送和船舶码头的输送，给胶州湾输送的氰化物含量都符合国家一类海水的水质标准（5.00μg/L）。这表明河流和船舶码头没有受到氰化物的污染，这样，胶州湾整体水域也完全没有受到氰化物的污染（表 19-2）。

表 19-2　胶州湾不同来源的氰化物含量

不同来源	河流的输送	船舶码头的输送
氰化物含量/（μg/L）	0.14~0.46	0.42

19.4　结　　论

5 月、9 月和 10 月，氰化物在胶州湾水体中的含量范围为 0.02~0.46μg/L，都符合国家一类海水的水质标准（5.00μg/L）。在氰化物含量方面，胶州湾整个水域，水质清洁，没有受到氰化物的任何污染。在胶州湾的东部沿岸水域，水质受到了氰化物的轻微污染。

胶州湾水域氰化物只有两个来源：河流的输送和船舶码头的输送，这两个来源是在胶州湾的东部沿岸水域。来自河流输送的氰化物含量为 0.14~0.46μg/L，来自船舶码头输送的氰化物含量为 0.42μg/L。给胶州湾输送的氰化物含量远远小于国家一类海水的水质标准（5.00μg/L）。这表明河流和船舶码头没有受到氰化物的任何污染，同样，胶州湾整体水域更没有受到氰化物的污染。

由此认为，氰化物含量的产生是由人类活动引起的，借助于河流和船舶码头向胶州湾水域输送微量的氰化物。这给人类敲响了警钟，应该引起人类密切关注氰化物的产生，防微杜渐。

参 考 文 献

[1] Yang D F, He X H, Gao J, et al. Pollution level and source of cyanide in Jiaozhou Bay, eastern China. Materials, Environmental and Biological Engineering, 2015: 40-43.

[2] Yang D F, He X H, Gao J, et al. Transfer processes of cyanide in Jiaozhou Bay. Advanced Materials Research, 2015, 1092-1093: 992-995.

[3] Yang D F, Chen Y, Gao Z H, et al. Silicon limitation on primary production and its destiny in Jiaozhou Bay, China Ⅳ transect offshore the coast with estuaries. Chinese Journal of Oceanology and Limnology, 2005, 23(1): 72-90.

[4] 杨东方, 王凡, 高振会, 等. 胶州湾浮游藻类生态现象. 海洋科学, 2004, 28(6): 71-74.

[5] 国家海洋局. 海洋监测规范. 北京: 海洋出版社, 1991.

第20章 胶州湾水域低含量氰化物的均匀性

20.1 背　　景

20.1.1 胶州湾自然环境

胶州湾位于山东半岛南部，其地理位置为东经 $120°04'\sim120°23'$，北纬 $35°58'\sim36°18'$，以团岛与薛家岛连线为界，与黄海相通，面积约为 $446km^2$，平均水深约 $7m$，是一个典型的半封闭型海湾。胶州湾入海的河流有十几条，其中径流量和含沙量较大的为大沽河和洋河，青岛市区的海泊河、李村河和娄山河等均属季节性河流，河水水文特征有明显的季节性变化[1~4]。

20.1.2 材料与方法

本研究所使用的 1983 年 5 月、9 月和 10 月胶州湾水体氰化物的调查资料由国家海洋局北海监测中心提供。5 月、9 月和 10 月，在胶州湾水域设 5 个站位取表层、底层水样：H34、H35、H36、H37、H82（图 20-1）。分别于 1983 年 5 月、

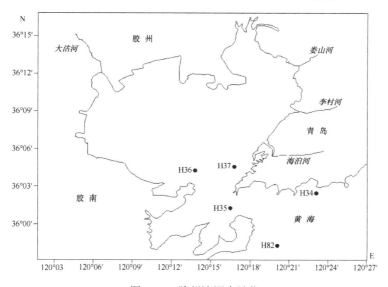

图 20-1　胶州湾调查站位

9 月和 10 月 3 次进行取样，根据水深（＞10m 时取表层和底层，＜10m 时只取表层）进行调查采样。按照国家标准方法进行胶州湾水体氰化物的调查，该方法被收录在国家的《海洋监测规范》（1991 年）中[5]。

20.2 底层含量及分布

20.2.1 底层含量大小

5 月、9 月和 10 月，在胶州湾的湾口底层水域，胶州湾湾口内的东部底层近岸水域氰化物含量比较高，其他湾口底层水域氰化物含量比较低。5 月，胶州湾湾口底层水域氰化物的含量范围为 0.04～0.06μg/L，符合国家一类海水的水质标准（5.00μg/L）。9 月，胶州湾湾口底层水域氰化物的含量范围为 0.02～0.25μg/L，符合国家一类海水的水质标准。10 月，胶州湾湾口底层水域氰化物的含量范围为 0.03～0.34μg/L，符合国家一类海水的水质标准。

5 月、9 月和 10 月，在胶州湾的湾口底层水域，氰化物在胶州湾水体中的含量范围为 0.02～0.34μg/L，都符合国家一类海水的水质标准（5.00μg/L）（表 20-1）。由于氰化物含量在胶州湾的整个水域都远远小于 5.00μg/L，说明在氰化物含量方面，胶州湾整个水域，水质清洁，没有受到氰化物的污染。

表 20-1 5 月、9 月和 10 月的胶州湾底层水质

项目	5 月	9 月	10 月
氰化物含量/（μg/L）	0.04～0.06	0.02～0.25	0.03～0.34
国家海水标准	一类海水	一类海水	一类海水

20.2.2 底层水平分布

5 月、9 月和 10 月，在胶州湾的湾口水域，从湾口内侧到湾口，再到湾口外侧，在胶州湾湾口水域的这些站位：H34、H35、H36、H37、H82，氰化物含量有底层的调查，氰化物含量在底层的水平分布如下所述。

5 月，在胶州湾的湾口水域，从湾口内侧到湾口，再到湾口外侧，在胶州湾湾内的东部近岸水域 H37 站位，氰化物的含量达到较高（0.06μg/L），以东部近岸水域为中心形成了氰化物的高含量区，形成了一系列不同梯度的平行线。氰化物含量从湾内的高含量（0.06μg/L）区向南部到湾外水域沿梯度递减为 0.04μg/L（图 20-2）。

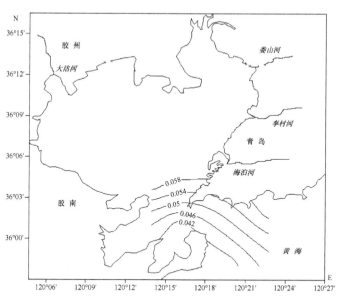

图 20-2　5 月底层氰化物含量的分布（μg/L）

9 月，在胶州湾的湾口水域，从湾口内侧到湾口，再到湾口外侧，在胶州湾湾内的东部近岸水域 H37 站位，氰化物的含量达到较高（0.25μg/L），以东部近岸水域为中心形成了氰化物的高含量区，形成了一系列不同梯度的平行线。氰化物含量从湾内的高含量（0.25μg/L）区向南部到湾外水域沿梯度递减为 0.02μg/L（图 20-3）。

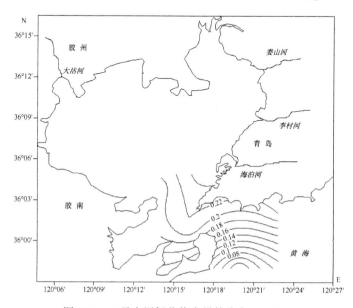

图 20-3　9 月底层氰化物含量的分布（μg/L）

　　10月，在胶州湾的湾口水域，从湾口内侧到湾口，再到湾口外侧，在胶州湾湾内的东部近岸水域 H37 站位，氰化物的含量达到较高（0.34μg/L），以东部近岸水域为中心形成了氰化物的高含量区，形成了一系列不同梯度的平行线。氰化物含量从湾内的高含量（0.34μg/L）区向南部到湾外水域沿梯度递减为 0.03μg/L（图 20-4）。

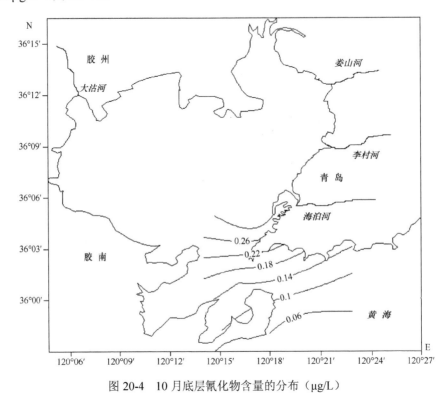

图 20-4　10 月底层氰化物含量的分布（μg/L）

20.3　低含量的均匀性

20.3.1　水　　质

　　在胶州湾水域，氰化物来自河流的输送和船舶码头的输送。氰化物先来到水域的表层，然后从表层穿过水体，来到底层。氰化物经过了垂直水体的效应作用[6]，呈现了氰化物含量在胶州湾湾口底层水域的变化范围为 0.02～0.34μg/L，远远小于国家一类海水的水质标准（5.00μg/L）。这展示了在氰化物含量方面，胶州湾的湾口底层水域，水质清洁，没有受到氰化物的污染。

20.3.2　聚集和发散过程

在胶州湾，湾内海水经过湾口与外海海水交换，物质的浓度不断地降低[7]。5月、9月和10月，在胶州湾的湾口底层水域，从湾口内侧到湾口，再到湾口外侧，氰化物含量从湾内的高含量区向南部到湾外水域沿梯度递减。展示了在湾口内侧，氰化物的高沉降率；在湾口外侧，氰化物的低沉降率。

因此，在胶州湾的湾口底层水域，5月、9月和10月，都出现了湾内氰化物含量的高值区和湾外氰化物含量的低值区。这表明，在胶州湾的湾口内侧水域，水流的速度相对比较慢，而在胶州湾的湾口外侧水域，水流的速度相对比较快，这样，在氰化物的沉降过程中，水流的流速快慢，将说明带走氰化物的多少。氰化物含量的高值区和低值区的出现表明了水体运动具有将氰化物聚集和发散的过程。

20.3.3　均匀性过程

海洋的潮汐、海流对海洋中所有物质的搅动和输送，使海洋中所有物质的含量在海洋的水体中都非常均匀地分布。在近岸浅海主要靠潮汐的作用；在深海主要靠海流的作用，当然还有其他辅助作用，如风暴潮、海底地震等。所以，随着时间的推移，海洋的水体活动使海洋中所有物质的含量分布趋于均匀，故海洋具有均匀性[8]。胶州湾水域氰化物只有两个来源，在胶州湾东部的湾口内沿岸水域的河流和船舶码头，输送的氰化物含量为 0.14～0.46μg/L，经过了垂直水体的效应作用[6]，呈现了在胶州湾湾口内底层水域氰化物的较高含量：5月、9月和10月，在胶州湾湾内的东部近岸水域H37站位，氰化物的含量达到较高值，范围为0.06～0.34μg/L。胶州湾的湾口水域具有一条很深的水道，深度达到了40m左右。湾内海水经过湾口与外海海水交换，物质的浓度不断地降低[7]。这样，在胶州湾的湾口内底层水域氰化物的相对高含量就被带到湾口外，展示了在胶州湾的湾口底层水域，5月、9月和10月，从湾口内侧到湾口，再到湾口外侧，氰化物从湾内的相对高含量区向南部到湾外水域沿梯度递减。

20.4　结　　论

5月、9月和10月，在胶州湾的湾口底层水域，氰化物含量的变化范围为0.02～0.34μg/L，都符合国家一类海水的水质标准（5.00μg/L）。这表明该水域没有受到人为的氰化物污染。氰化物经过了垂直水体的效应作用，在氰化物含量方面，胶州湾的湾口底层水域，水质清洁，没有受到任何氰化物的污染。

在胶州湾的湾口水域，5 月、9 月和 10 月，在水体的底层都出现了湾内氰化物含量的高值区和湾外氰化物含量的低值区，表明了水体运动具有将氰化物聚集和发散的过程。胶州湾水域河流的输送和船舶码头的输送，输送的氰化物含量为 0.14～0.46μg/L。经过了垂直水体的效应作用[6]，呈现了在胶州湾湾口内底层水域氰化物的高含量范围为 0.06～0.34μg/L。

在胶州湾的湾口底层水域，5 月、9 月和 10 月，从湾口内侧到湾口，再到湾口外侧，氰化物含量从湾内的相对高含量区向南部到湾外水域沿梯度递减。这充分证明了海洋具有均匀性，即使物质的含量非常低（0.06～0.34μg/L），只要海水能够到达的，也要将物质带到，当然，物质的含量会更低（0.02～0.04μg/L）。因此，无论物质的含量多么低，海洋都会将物质带到更远的地方，其含量就会更低，使其物质含量在海洋中均匀。

参 考 文 献

[1] Yang D F, He X H, Gao J, et al. Pollution level and source of cyanide in Jiaozhou Bay, eastern China. Materials, Environmental and Biological Engineering, 2015, 40-43.

[2] Yang D F, He X H, Gao J, et al. Transfer processes of cyanide in Jiaozhou Bay. Advanced Materials Research, 2015, 1092-1093: 992-995.

[3] Yang D F, Chen Y, Gao Z H, et al. Silicon limitation on primary production and its destiny in Jiaozhou Bay, China IV Transect offshore the coast with estuaries. Chinese Journal of Oceanology and Limnology, 2005, 23(1): 72-90.

[4] 杨东方, 王凡, 高振会, 等. 胶州湾浮游藻类生态现象. 海洋科学, 2004, 28(6): 71-74.

[5] 国家海洋局. 海洋监测规范. 北京: 海洋出版社, 1991.

[6] Yang D F, Wang F Y, He H Z, et al. Vertical water body effect of benzene hexachloride. Proceedings of the 2015 International symposium on computers and informatics, 2015: 2655-2660.

[7] 杨东方, 苗振清, 徐焕志, 等. 胶州湾海水交换的时间. 海洋环境科学, 2013, 32(3): 373-380.

[8] 杨东方, 丁咨汝, 郑琳, 等. 胶州湾水域有机农药六六六的分布及均匀性. 海岸工程, 2011, 30(2): 66-74.

第21章 胶州湾水域氰化物垂直迁移过程及背景值

21.1 背 景

21.1.1 胶州湾自然环境

胶州湾位于山东半岛南部，其地理位置为东经 120°04′~120°23′，北纬 35°58′~36°18′，以团岛与薛家岛连线为界，与黄海相通，面积约为 446km²，平均水深约 7m，是一个典型的半封闭型海湾。胶州湾入海的河流有十几条，其中径流量和含沙量较大的为大沽河和洋河，青岛市区的海泊河、李村河和娄山河等均属季节性河流，河水水文特征有明显的季节性变化[1~4]。

21.1.2 材料和方法

本研究所使用的 1983 年 5 月、9 月和 10 月胶州湾水体氰化物的调查资料由国家海洋局北海监测中心提供。5 月、9 月和 10 月，在胶州湾水域设 5 个站位取表层、底层水样：H34、H35、H36、H37、H82（图 21-1）。分别于 1983 年 5 月、

图 21-1 胶州湾调查站位

9月和10月3次进行取样，根据水深（＞10m时取表层和底层，＜10m时只取表层）进行调查采样。按照国家标准方法进行胶州湾水体氰化物的调查，该方法被收录在国家的《海洋监测规范》（1991年）中[5]。

21.2 表底层变化及趋势

21.2.1 表层季节分布

在胶州湾湾口水域的表层水体中，5月，水体中氰化物的表层含量范围为0.03～0.08μg/L；9月，氰化物的表层含量范围为0.02～0.42μg/L；10月，氰化物的表层含量范围为0.13～0.24μg/L。这表明5月、9月和10月，水体中氰化物的表层含量范围变化比较大（0.02～0.42μg/L），氰化物的表层含量由低到高依次为5月、10月、9月。故得到水体中氰化物的表层含量由低到高的季节变化为：春季、秋季、夏季。

21.2.2 底层季节分布

在胶州湾湾口水域的底层水体中，5月，水体中氰化物的底层含量范围为0.04～0.06μg/L；9月，氰化物的底层含量范围为0.02～0.25μg/L；在10月，氰化物的底层含量范围为0.03～0.34μg/L。这表明5月、9月和10月，水体中氰化物的底层含量范围变化也比较大（0.02～0.34μg/L），氰化物的底层含量由低到高依次为5月、9月、10月。因此，得到水体中底层的氰化物含量由低到高的季节变化为：春季、夏季、秋季。

21.2.3 表底层水平分布趋势

在胶州湾的湾口水域，从胶州湾接近湾口内的近岸水域H37站位到湾口水域的H35站位。

5月，在表层，氰化物含量沿梯度降低，从0.08μg/L降低到0.04μg/L。在底层，氰化物含量沿梯度降低，从0.06μg/L降低到0.04μg/L。这表明表层、底层的水平分布趋势是一致的。

9月，在表层，氰化物含量沿梯度降低，从0.42μg/L降低到0.17μg/L。在底层，氰化物含量沿梯度降低，从0.25μg/L降低到0.22μg/L。这表明表层、底层的水平分布趋势是一致的。

　　10月，在表层，氰化物含量沿梯度降低，从0.24μg/L降低到0.14μg/L。在底层，氰化物含量沿梯度降低，从0.34μg/L降低到0.14μg/L。这表明表层、底层的水平分布趋势是一致的。

　　5月、9月和10月，胶州湾湾口水域的水体中，表层氰化物的水平分布与底层的水平分布趋势是一致的。

21.2.4　表底层变化范围

　　在胶州湾的湾口水域，5月，表层含量（0.03～0.08μg/L）较低时，其对应的底层含量就较低（0.04～0.06μg/L）。9月，表层含量达到很高（0.02～0.42μg/L）时，其对应的底层含量就较高（0.02～0.25μg/L）。10月，表层含量达到较高（0.13～0.24μg/L）时，其对应的底层含量就很高（0.03～0.34μg/L）。而且，氰化物的表层含量变化范围（0.02～0.42μg/L）大于底层的（0.02～0.34μg/L），变化量基本一样。因此，氰化物的表层含量很高或者比较高时，对应的底层含量就高；同样，氰化物的表层含量比较低时，其对应的底层含量就低。

21.2.5　表底层垂直变化

　　5月、9月和10月，在这些站位：H34、H35、H36、H37、H82，氰化物的表层、底层含量相减，其差为–0.09～0.17μg/L。这表明氰化物的表层、底层含量都相近。5月，氰化物的表层、底层含量差为–0.03～0.02μg/L。在湾口内东北部水域的H37站位为正值，在湾口内西南部水域的H36站位为负值。在湾口水域的H35站位和湾外水域的H34、H82站位都为零。1个站为正值，1个站为负值，3个站为零（表21-1）。

表21-1　胶州湾的湾口水域氰化物的表层、底层含量差

月份＼站位	H36	H37	H35	H34	H82
5月	负值	正值	零	零	零
9月	正值	正值	负值	零	零
10月	负值	负值	零	正值	

　　9月，氰化物的表层、底层含量差为–0.05～0.17μg/L。在湾口内东北部水域的H37站位和湾口内西南部水域的H36站位为正值，在湾口水域的H35站位为负值。在湾外水域的H34、H82站位都为零。2个站为正值，1个站为负值，2个站为零（表21-1）。

10 月，氰化物的表层、底层含量差为–0.10～0.02μg/L。在湾口外东北部水域 H34 站位为正值，在湾口内东北部水域的 H37 站位和湾口内西南部水域的 H36 站位为负值。在湾口水域的 H35 站位为零。2 个站位为负值，1 个站位为正值，1 个站位为零（表 21-1）。

21.3　垂直迁移过程及背景值

21.3.1　沉　降　过　程

氰化物经过了垂直水体的效应作用[6]穿过水体后，发生了很大的变化。氰化物离子的亲水性强易与海水中的浮游动植物及浮游颗粒结合。在夏季，海洋生物大量繁殖，数量迅速增加[4]，且由于浮游生物的繁殖活动，悬浮颗粒物表面形成胶体，吸附了大量的氰化物离子，并将其带入表层水体，由于重力和水流的作用，氰化物不断地沉降到海底[2]。因此，氰化物的迁移过程即是氰化物从表层水体不断地沉降到海底的过程。

21.3.2　季节变化过程

在胶州湾湾口水域的表层水体中，5 月，氰化物含量从最低值 0.08μg/L 开始，然后开始上升，逐渐增加，到 9 月达到最高值 0.42μg/L，然后开始下降，到 10 月，则下降到较高值 0.24μg/L。于是，氰化物的表层含量由低到高的季节变化为：春季、秋季、夏季。

这是由于在春季氰化物来自河流的输送，含量比较低。到了夏季，氰化物来自船舶码头的输送，氰化物含量很高，故夏季的氰化物含量很高。到了秋季，氰化物来自河流的输送，氰化物含量比较低，到了湾口水域，氰化物含量已经下降许多，故秋季的氰化物含量最低。因此，在胶州湾的湾口水域，表层水体氰化物的变化基本上与胶州湾周围的河流以及降水量的变化同步。

这表明在胶州湾湾口水域的表层水体中，由于氰化物离子被吸附于大量悬浮颗粒物表面，在重力和水流的作用下，氰化物不断地沉降到海底。氰化物经过垂直水体的效应作用[6]，氰化物表层含量的变化决定了氰化物底层含量的变化，同时，氰化物在底层含量的累积作用展示了水体中底层的氰化物含量由低到高的季节变化为：春季、夏季、秋季。在春季，由于氰化物的表层含量比较低，通过氰化物的沉降，底层的氰化物含量最低。在夏季，由于氰化物的表层含量比较高，通过氰化物的沉降，底层的氰化物含量比较高。在秋季，夏季、秋季的氰化物表层含量相近，由于氰化物不断地沉降到海底，通过氰化物在底层含量的累积作用，于是秋季底层的氰化物含量比夏季底层的氰化物含量高。于是，在胶州湾的湾口水域，底层水体的氰化物的变化基本上是由表层水体氰化物含量的变化及氰化物沉降的累积作用共同决定的。

21.3.3　空 间 沉 降

空间尺度上，在胶州湾的湾口水域，5 月，氰化物来自河流的输送，含量最低。表层氰化物的水平分布与底层的水平分布趋势是一致的。这表明由于氰化物离子被吸附于大量悬浮颗粒物表面，在重力和水流的作用下，氰化物迅速地、不断地沉降到海底。于是，氰化物含量在表层、底层沿梯度的变化趋势是一致的。

到了 9 月，氰化物来自船舶码头的输送，含量最高。表层氰化物的水平分布与底层的水平分布趋势是一致的。这表明由于氰化物离子被吸附于大量悬浮颗粒物表面，在重力和水流的作用下，氰化物迅速地、不断地沉降到海底。于是，氰化物含量在表层、底层沿梯度的变化趋势是一致的。

到了 10 月，氰化物来自河流的输送，含量比较高。表层氰化物的水平分布与底层的水平分布趋势是一致的。这表明由于氰化物离子被吸附于大量悬浮颗粒物表面，在重力和水流的作用下，氰化物迅速地、不断地沉降到海底。于是，氰化物含量在表层、底层沿梯度的变化趋势是一致的。

因此，5 月、9 月和 10 月，在胶州湾的湾口水域，无论表层水体中氰化物含量是最高、比较高还是最低，在垂直水体的效应作用[6]下，表层、底层的水平分布都呈现下降。这揭示了氰化物在迅速、不断地沉降到海底，呈现了氰化物含量在表层、底层沿梯度的变化趋势是一致的。

21.3.4　变 化 沉 降

变化尺度上，在胶州湾的湾口水域，5 月、9 月和 10 月，氰化物含量在表层、底层的变化范围基本一样。而且，氰化物的表层含量低的，对应的底层含量就低；同样，氰化物的表层含量比较高和最高的，对应的底层含量就高。这展示了氰化物迅速地、不断地沉降到海底，以及氰化物含量沉降的累积作用。导致了氰化物在表层、底层含量变化保持了一致性。

21.3.5　垂 直 沉 降

垂直尺度上，在胶州湾的湾口水域，5 月、9 月和 10 月，当氰化物含量低时，在垂直水体的效应作用[6]下，氰化物就没有损失；当氰化物含量高时，在垂直水体的效应作用[6]下，氰化物的损失也非常小，其损失的范围为0～0.08μg/L。因此，当氰化物含量低时，氰化物含量在表层、底层保持了一致。当氰化物含量高时，氰化物含量在表层、底层保持了相近。这展示了氰化物能够从表层很迅速地穿过水体沉降到海底，表层、底层氰化物含量具有一致性。

21.3.6 区 域 沉 降

区域尺度上，在胶州湾的湾口水域，随着时间的变化，氰化物的表层、底层含量相减，其差也发生了变化，这个差值表明了氰化物含量在表层、底层的变化。当氰化物向胶州湾输入后，首先到表层，通过氰化物迅速地、不断地沉降到海底，呈现了氰化物含量在表层、底层的变化。

5 月，氰化物来自河流的输送，含量比较低。在湾口内东北部水域呈现了表层的氰化物含量大于底层的，在湾口内西南部水域呈现了表层的氰化物含量小于底层的，而在湾口水域和湾外水域呈现了表层、底层的氰化物都混合得很好。这表明，河流输送氰化物在 5 月刚刚开始，呈现了在湾口内东北部水域表层高，在湾口内西南部水域底层高，这时，输送还没有影响到湾口水域和湾外水域。

9 月，氰化物来自船舶码头的输送，含量很高。在湾口内东北部水域和湾口内西南部水域都呈现了表层的氰化物含量大于底层的，在湾口水域呈现了表层的氰化物含量小于底层的，而在湾外水域呈现了表层、底层的氰化物含量都混合得很好。这表明船舶码头输送了大量的氰化物量，呈现了在湾口内东北部水域和湾口内西南部水域的表层都高，在湾口水域底层高，这时，输送还没有影响到湾外水域。

10 月，氰化物含量来自河流的输送，含量比较高。在湾口内东北部水域和湾口内西南部水域都呈现了表层的氰化物含量小于底层的，在湾口水域呈现了表层、底层的氰化物含量都混合得很好，而在湾口外东北部水域呈现了表层的氰化物含量大于底层的。这表明，经过了前期的大量氰化物的输入，河流输送氰化物含量在 10 月开始结束了，呈现了在湾口内东北部水域和湾口内西南部水域底层高，那是氰化物含量沉降的累积作用的结果；在湾口水域，表层、底层的氰化物含量都混合得很好，那是氰化物含量又回到了输送前的状态；在湾口外东北部水域表层高，那是输送渐渐地、微小地影响到湾外水域。

因此，随着时间变化，在不同阶段，河流和船舶码头给胶州湾输送了小量、中量、大量的氰化物，这样，展示了在湾口内水域从表层的氰化物含量大于底层的转变为表层的氰化物含量小于底层的。同时，也展示了在湾口外水域，还没有受到输送的氰化物的影响，表层、底层的氰化物都混合得很好，保持了一致。这个发现也证实了氰化物的迁移过程。

21.3.7　背　景　值

标准尺度上，在胶州湾的湾口水域，在没有给胶州湾输送氰化物的情况下，氰化物的表层、底层含量是一致的，而且混合得很好。

5 月，在湾口水域和湾外水域，还没有受到给胶州湾输送氰化物的影响，这时，表层、底层的氰化物都混合得很好。于是，这个时候，表层、底层的氰化物含量呈现的值（0.04～0.06µg/L）就是这个水域的氰化物背景值。

9 月，在湾外水域，还没有受到给胶州湾输送氰化物的影响，这时，表层、底层的氰化物都混合得很好。于是，这个时候，表层、底层的氰化物含量呈现的值为 0.02～0.22µg/L，就是这个水域的氰化物背景值。

10 月，在湾口水域，虽然经过给胶州湾输送的氰化物的影响，可是氰化物含量又回到了输送前的状态，这时，表层、底层的氰化物都混合得很好。于是，这个时候，表层、底层的氰化物含量呈现的值为 0.14µg/L，就是这个水域的氰化物背景值。

因此，在胶州湾的整个水域，氰化物含量的背景值为 0.02～0.22µg/L，这对于水体中氰化物含量的国际标准、国内标准和海湾标准都提供了科学依据。

21.4　结　　论

氰化物的表层含量由低到高的季节变化为：春季、秋季、夏季，水体中底层的氰化物含量由低到高的季节变化为：春季、秋季、夏季。这是由于氰化物含量经过了垂直水体的效应作用，使氰化物含量经过水体发生了变化。

空间尺度上，5 月、9 月和 10 月，在胶州湾的湾口水域，无论表层水体中氰化物含量是最高、比较高还是最低，在垂直水体的效应作用下，表层、底层的水平分布都呈现下降。这揭示了氰化物在迅速地、不断地沉降到海底，呈现了氰化物含量在表层、底层沿梯度的变化趋势是一致的。

变化尺度上，在胶州湾的湾口水域，5 月、9 月和 10 月，氰化物含量在表层、底层的变化量范围基本一样。而且，氰化物迅速地、不断地沉降到海底，导致了氰化物含量在表层、底层含量变化保持了一致。

垂直尺度上，当氰化物含量低时，氰化物含量在表层、底层保持了一致。当氰化物含量高时，氰化物含量在表层、底层保持了相近。这展示了氰化物能够从表层很迅速地穿过水体沉降到海底，在表层、底层氰化物含量具有一致性。

区域尺度上，随着时间的变化，在不同阶段，河流和船舶码头给胶州湾输送了小量、中量和大量的氰化物，这样，展示了在湾口内水域从表层的氰化物含量大于底层的转变为表层的氰化物含量小于底层的。同时，也展示了在湾口外水域，还没有受到输送氰化物的影响，表层、底层的氰化物都混合得很好，保持了一致。这个发现也证实了氰化物的迁移过程。

标准尺度上，在胶州湾的整个水域，氰化物含量的背景值为 0.02～0.22μg/L，这对于水体中氰化物含量的国际标准、国内标准和海湾标准都提供了科学依据。

在胶州湾的湾口水域，氰化物含量的垂直分布和季节变化展示了水平水体的效应作用和垂直水体的效应作用，也揭示了氰化物含量的水平迁移过程和垂直沉降过程。在没有受到给胶州湾输送氰化物的影响下，调查确定了胶州湾水域的氰化物背景值。

参 考 文 献

[1] Yang D F, He X H, Gao J, et al. Pollution level and source of cyanide in Jiaozhou Bay, eastern China. Materials, Environmental and Biological Engineering, 2015: 40-43.

[2] Yang D F, He X H, Gao J, et al. Transfer processes of cyanide in Jiaozhou Bay. Advanced Materials Research, 2015, 1092-1093: 992-995.

[3] Yang D F, Chen Y, Gao Z H, et al. Silicon limitation on primary production and its destiny in Jiaozhou Bay, China IV Transect offshore the coast with estuaries. Chinese Journal of Oceanology and Limnology, 2005, 23(1): 72-90.

[4] 杨东方, 王凡, 高振会, 等. 胶州湾浮游藻类生态现象. 海洋科学, 2004, 28(6): 71-74.

[5] 国家海洋局. 海洋监测规范. 北京: 海洋出版社, 1991.

[6] Yang D F, Wang F Y, He H Z, et al. Vertical water body effect of benzene hexachloride. Proceedings of the 2015 International symposium on computers and informatics, 2015: 2655-2660.

第 22 章　胶州湾水域挥发酚的来源

22.1　背　　景

22.1.1　胶州湾自然环境

胶州湾地理位置为东经 120°04′~120°23′，北纬 35°58′~36°18′，在山东半岛南部，面积约为 446km²，平均水深约 7m，是一个典型的半封闭型海湾。胶州湾入海的河流有大沽河和洋河，其径流量和含沙量较大，河水水文特征有明显的季节性变化[1,2]。海泊河、李村河、娄山河等小河也流入胶州湾。

22.1.2　材料和方法

本研究所使用的 1982 年 4 月、6 月、7 月和 10 月胶州湾水体挥发酚的调查资料由国家海洋局北海监测中心提供。4 月、7 月和 10 月，在胶州湾水域设 5 个站位取水样：083、084、121、122、123；6 月，在胶州湾水域设 4 个站位取水样：H37、H39、H40、H41（图 22-1）。分别于 1982 年 4 月、6 月、7 月和 10 月

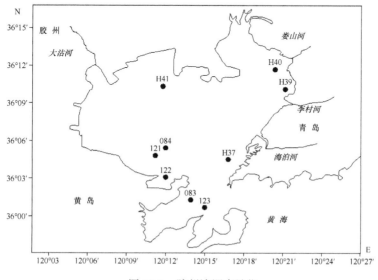

图 22-1　胶州湾调查站位

4 次进行取样，根据水深（＞10m 时取表层和底层，＜10m 时只取表层）进行调查采样。按照国家标准方法进行胶州湾水体挥发酚的调查，该方法被收录在国家的《海洋监测规范》（1991 年）中[3]。

22.2 含量及分布

22.2.1 含 量 大 小

4 月、7 月和 10 月，胶州湾西南沿岸水域挥发酚含量范围为 0.58～2.75μg/L。6 月，胶州湾东部和北部沿岸水域挥发酚含量范围为 2.32～3.11μg/L。4 月、6 月、7 月和 10 月，挥发酚在胶州湾水体中的含量范围为 0.58～3.11μg/L，都没有超过国家一类海水的水质标准。这表明 4 月、6 月、7 月和 10 月胶州湾表层水质，在整个水域符合国家一类海水的水质标准（5.00μg/L）（表 22-1）。由于挥发酚含量在胶州湾整个水域都远远小于 5.00μg/L，说明在挥发酚含量方面，在胶州湾整个水域，水质清洁，没有受到挥发酚的污染。

表 22-1 4 月、6 月、7 月和 10 月的胶州湾表层水质

项目	4 月	6 月	7 月	10 月
挥发酚含量/（μg/L）	1.65～2.69	2.32～3.11	1.85～2.75	0.58～2.10
国家海水标准	一类海水	一类海水	一类海水	一类海水

22.2.2 表层水平分布

4 月、7 月和 10 月，在胶州湾水域设 5 个站位：083、084、121、122、123，这些站位在胶州湾西南沿岸水域（图 22-1）。4 月，在湾口水域 083 站位，挥发酚含量相对较高，为 2.69μg/L，以湾口站位 083 为中心形成了挥发酚的高含量区，形成了一系列不同梯度的平行线。挥发酚从中心的高含量（2.69μg/L）向湾内水域沿梯度递减到 1.65μg/L（图 22-2）。7 月，在西南沿岸水域 121 站位，挥发酚含量相对较高（2.75μg/L），以 121 站位为中心形成了挥发酚的高含量区，形成了一系列不同梯度的平行线。挥发酚含量从中心的高含量（2.75μg/L）向湾中心水域沿梯度递减到 1.85μg/L（图 22-3）。10 月，西南沿岸水域 121 站位，挥发酚含量相对较高（2.10μg/L），以 121 站位为中心形成了挥发酚的高含量区，形成了一系列不同梯度的平行线。挥发酚从中心的高含量（2.10μg/L）向湾中心水域或者向湾口水域沿梯度递减到 0.58μg/L（图 22-4）。

6 月，在胶州湾水域设 4 个站位：H37、H39、H40、H41，这些站位在胶州湾东部和北部沿岸水域（图 22-1）。在湾口水域 H37 站位，挥发酚的含量达到

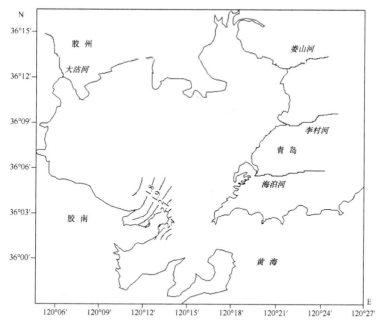

图 22-2　4 月表层挥发酚含量的分布（μg/L）

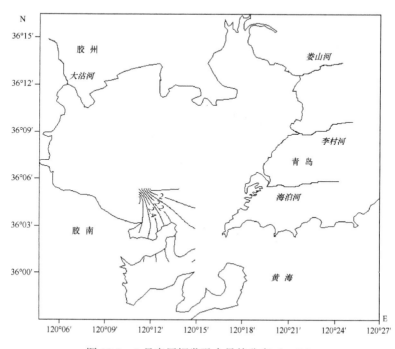

图 22-3　7 月表层挥发酚含量的分布（μg/L）

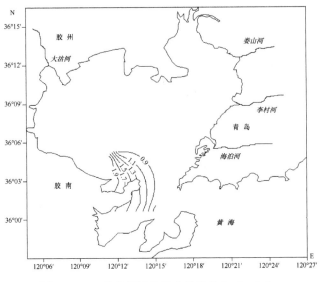

图 22-4　10 月表层挥发酚含量的分布（μg/L）

最高（3.11μg/L）。表层挥发酚含量的等值线（图 22-5），展示了以湾口水域为中心，形成的一系列不同梯度的平行线。挥发酚含量从中心的高含量（3.11μg/L）沿梯度下降，挥发酚的含量值从湾西南湾口的 3.11μg/L 降低到湾底东北部的 2.32μg/L，这说明在胶州湾水体中从外海域通过湾口，沿着从湾外到湾内的海流方向，挥发酚含量在不断地递减（图 22-5）。

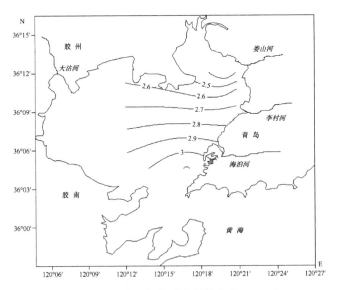

图 22-5　6 月表层挥发酚含量的分布（μg/L）

22.3　水质及来源

22.3.1　水　　质

4 月、7 月和 10 月，胶州湾西南沿岸水域挥发酚含量范围为 0.58～2.75μg/L，都符合国家一类海水的水质标准（5.00μg/L）。6 月，胶州湾东部和北部沿岸水域挥发酚含量范围为 2.32～3.11μg/L，也符合国家一类海水的水质标准。这表明在挥发酚含量方面，胶州湾西南沿岸水域比胶州湾东部和北部沿岸水域在挥发酚的污染程度方面相对要轻一些。

4 月、6 月、7 月和 10 月，挥发酚在胶州湾水体中的含量范围为 0.58～3.11μg/L，都符合国家一类海水的水质标准，而且低于一类海水的水质标准（5.00μg/L）。这表明挥发酚含量非常低，水体没有受到人为的挥发酚污染。

22.3.2　来　　源

4 月，胶州湾湾口水域形成了挥发酚的高含量区，并且形成了一系列不同梯度的半个平行线，沿梯度在胶州湾西南沿岸水域向周围水域递减，如从湾口到湾内水域。这表明挥发酚的来源是外海海流的输送。

7 月和 10 月，胶州湾西南沿岸水域，形成了挥发酚的高含量区，并且形成了一系列不同梯度的平行线，沿梯度向湾中心水域递减。这表明了挥发酚的来源是地表径流的输送。

6 月，在湾口水域，挥发酚的含量达到最高（3.11μg/L）。在胶州湾水体中，从外海域通过湾口，沿着从湾外到湾内的海流方向，挥发酚含量在不断地递减，降低到湾底东北部的 2.32μg/L。这表明，在胶州湾水域，挥发酚的来源是外海海流的输送。

22.4　结　　论

（1）在整个胶州湾水域，一年中挥发酚含量都达到了国家一类海水的水质标准（5.00μg/L）。这表明水体没有受到人为的挥发酚污染。

（2）在胶州湾水域有两个来源：一个是近岸水域，来自地表径流的输入，其输入的挥发酚的含量为 0.58～2.75μg/L；另一个是胶州湾的湾口水域，来自外海海流的输入，其输入的挥发酚的含量为 2.32～3.11μg/L。

因此，胶州湾水域水体中的挥发酚主要来源于外海海流的输送，没有受到人为的挥发酚污染。

参 考 文 献

[1] 刘红霞, 李琼. 环境介质中挥发酚的监测技术现状与展望. 环境科学与管理, 2002, 37(6): 132-137.

[2] Yang D F, Chen Y, Gao Z H, et al. Silicon limitation on primary production and its destiny in Jiaozhou Bay, China Ⅳ Transect offshore the coast with estuaries. Chinese Journal of Oceanology and Limnology, 2005, 23(1): 72-90.

[3] 国家海洋局. 海洋监测规范(HY003.4-91). 北京: 海洋出版社, 1991: 205-282.

[4] 杨东方, 苗振清, 徐焕志, 等. 有机农药六六六对胶州湾海域水质的影响Ⅱ.污染源变化过程.海洋科学, 2011, 35(5): 112-116.

第23章 胶州湾水域挥发酚的垂直分布

23.1 背　景

23.1.1 胶州湾自然环境

胶州湾地理位置为东经 120°04′～120°23′，北纬 35°58′～36°18′，在山东半岛南部，面积约为 446km²，平均水深约 7m，是一个典型的半封闭型海湾。胶州湾入海的河流有大沽河和洋河，其径流量和含沙量较大，河水水文特征有明显的季节性变化[1,2]。还有海泊河、李村河、娄山河等小河也流入胶州湾。

23.1.2 材料与方法

本研究所使用的 1982 年 4 月、6 月、7 月和 10 月胶州湾水体挥发酚的调查资料由国家海洋局北海监测中心提供。4 月、7 月和 10 月，在胶州湾水域设 5 个站位取水样：083、084、121、122、123；6 月，在胶州湾水域设 4 个站位取水样：H37、H39、H40、H41（图 23-1）。分别于 1982 年 4 月、6 月、7 月和 10 月

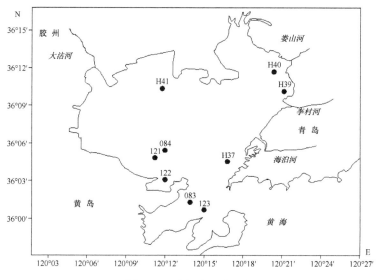

图 23-1　胶州湾调查站位

4 次进行取样，根据水深（＞10m 时取表层和底层，＜10m 时只取表层）进行调查采样。按照国家标准方法进行胶州湾水体挥发酚的调查，该方法被收录在国家的《海洋监测规范》（1991 年）中[3]。

23.2　分布的变化

23.2.1　底层水平分布

4 月、7 月和 10 月，胶州湾西南沿岸底层水域挥发酚含量范围为 0.45～3.08μg/L。在胶州湾的西南沿岸水域，从湾口水域或者从西南近岸水域到湾中心水域，挥发酚含量形成了一系列梯度，沿梯度在减少（图 23-2～图 23-4）。4 月，在湾口水域 083 站位，挥发酚含量相对较高，为 2.02μg/L，以湾口站位 083 为中心形成了挥发酚的高含量区，形成了一系列不同梯度的平行线。挥发酚含量从中心的高含量（2.02μg/L）向湾内水域沿梯度递减到 1.65μg/L（图 23-2）。7 月，在西南沿岸水域 122 站位，挥发酚含量相对较高，为 3.08μg/L，以 122

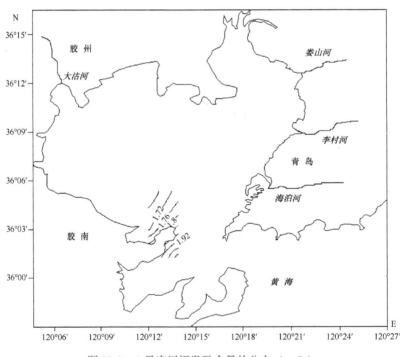

图 23-2　4 月底层挥发酚含量的分布（μg/L）

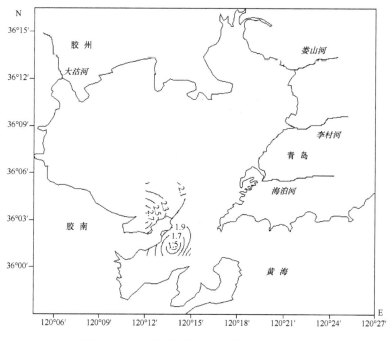

图 23-3　7 月底层挥发酚含量的分布（μg/L）

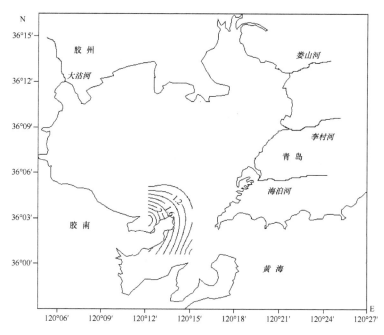

图 23-4　10 月底层挥发酚含量的分布（μg/L）

站位为中心形成了挥发酚的高含量区，形成了一系列不同梯度的平行线。挥发酚含量从中心的高含量（3.08μg/L）向湾中心水域沿梯度递减到 1.12μg/L（图 23-3）。10 月，西南沿岸水域 122 站位，挥发酚含量相对较高（2.80μg/L），以 121 站位为中心形成了挥发酚的高含量区，形成了一系列不同梯度的平行线。挥发酚含量从中心的高含量（2.80μg/L）向湾中心水域或者向湾口水域沿梯度递减到 0.45μg/L（图 23-4）。

23.2.2 季 节 分 布

23.2.2.1 季节表层分布

胶州湾西南沿岸水域的表层水体中，4 月，水体中挥发酚的表层含量范围为 1.65～2.69μg/L；7 月，挥发酚的表层含量范围为 1.85～2.75μg/L；10 月，挥发酚的表层含量范围为 0.58～2.10μg/L。这表明 4 月、7 月和 10 月，水体中挥发酚的表层含量范围变化不大（0.90～1.52μg/L），挥发酚的表层含量由高到低依次为 7 月、4 月、10 月。故得到水体中挥发酚的表层含量由高到低的季节变化为：夏季、春季、秋季。

23.2.2.2 季节底层分布

胶州湾西南沿岸水域的底层水体中，4 月，水体中挥发酚的底层含量范围为 1.65～2.02μg/L；7 月，挥发酚的底层含量范围为 1.12～3.08μg/L；10 月，挥发酚的底层含量范围为 0.45～2.80μg/L。这表明 4 月、7 月和 10 月，水体中挥发酚的底层含量范围变化也不大，为 0.37～2.35μg/L，挥发酚的底层含量由高到低依次为 7 月、4 月、10 月。因此，得到水体中挥发酚的底层含量由高到低的季节变化为：夏季、春季、秋季。

23.2.3 垂 直 分 布

23.2.3.1 含量变化

春季，挥发酚的表层含量较高，为 1.65～2.69μg/L，其对应的底层含量较高，为 1.65～2.02μg/L。夏季，挥发酚的表层含量最高（1.85～2.75μg/L）时，其对应的底层含量最高，为 1.12～3.08μg/L。秋季，挥发酚的表层含量较低（0.58～2.10μg/L）时，其对应的底层含量较低，为 0.45～2.80μg/L。于是，春季，挥发酚的表层、底层含量的相差 0.00～0.67μg/L；夏季，挥发酚的表层、底层含量的相差为 0.33～0.73μg/L；秋季，挥发酚的表层、底层含量的相差为 0.13～0.70μg/L。

因此，春季、夏季、秋季，挥发酚的表层、底层含量都相近，而且，挥发酚的表层含量高的，对应的底层含量就高；同样，挥发酚的表层含量低的，对应的底层含量就低。

23.2.3.2　分布趋势

在胶州湾的西南沿岸水域，从湾口水域或者从西南近岸水域到湾中心水域。

4 月，在表层，挥发酚含量沿梯度降低，从 2.69μg/L 降低到 1.65μg/L。在底层，挥发酚含量沿梯度降低，从 2.02μg/L 降低到 1.65μg/L。这表明表层、底层的水平分布趋势是一致的。7 月，在表层，挥发酚含量沿梯度降低，从 2.75μg/L 降低到 1.85μg/L。在底层，挥发酚含量沿梯度降低，从 3.08μg/L 降低到 1.12μg/L。这表明表层、底层的水平分布趋势也是一致的。10 月，在表层，挥发酚含量沿梯度降低，从 2.10μg/L 降低到 0.58μg/L。在底层，挥发酚含量沿梯度降低，从 2.80μg/L 降低到 0.45μg/L。这表明表层、底层的水平分布趋势也是一致的。

总之，4 月、7 月和 10 月，胶州湾西南沿岸水域的水体中，表层挥发酚的水平分布与底层分布趋势是一致的。

23.3　季节变化及迁移

23.3.1　季节变化过程

在胶州湾西南沿岸水域的表层水体中，4 月，挥发酚含量变化从高值 2.69μg/L 开始上升，逐渐增加，到 7 月达到高峰值（2.75μg/L），然后开始下降，逐渐减少，到了 11 月，降低到低谷值（2.10μg/L）。于是，挥发酚的表层含量由低到高，再到低的季节变化为：春季、夏季、秋季。因此，挥发酚含量从春季开始，上升到夏季的高峰值，然后下降到秋季。4 月、7 月和 10 月，挥发酚来自地表径流的输送。这表明在胶州湾西南沿岸水域的表层水体中，挥发酚含量的变化主要由雨量的变化来确定。因此，挥发酚含量的季节变化中，在夏季相对较高。但由于是地表径流的输送，故挥发酚含量较低，水质没有受到挥发酚的污染。

23.3.2　迁　移　过　程

酚类分子量小，亲水性强。挥发酚易与海水中的浮游动植物以及浮游颗粒结合，颗粒表面对于挥发酚具有很强的吸附能力[4]，这一特性对挥发酚元素在海水中的垂直迁移产生了极大的影响。在夏季，海洋生物大量繁殖，数量迅速增加[5]，且由于浮游生物的繁殖活动，悬浮颗粒物表面形成胶体，此时的吸附力最强，吸附了大量的挥发酚，并将其带入表层水体，由于重力和水流的作用，挥发酚不断地沉降到海底。因此，挥发酚的迁移过程即是挥发酚从表层水体不断地沉降到海底的过程。

空间尺度上，6月的表层水体中挥发酚水平分布证实了这样的迁移过程：湾西南的湾口表层水体中挥发酚的含量很高（3.11μg/L），挥发酚的含量大小由西南向东北方向递减，降低到东北部的2.32μg/L。这表明由于挥发酚离子被吸附于大量悬浮颗粒物表面，在重力和水流的作用下，挥发酚不断地沉降到海底。于是，在表层水体中随着远离来源挥发酚含量在不断地下降。

时间尺度上，4月、7月和10月，挥发酚含量随着时间的变化也证实了这样的迁移过程：由于春季雨季的到来导致陆地挥发酚污染源随地表径流带入大海，4月的挥发酚含量比较高。随着降雨量的增加，在夏季，7月的挥发酚含量达到一年中的高峰值。到秋季，10月的挥发酚含量达到一年中的低谷值。这表明，由于挥发酚离子被吸附于大量悬浮颗粒物表面，在重力和水流的作用下，挥发酚不断地沉降到海底。于是，在表层水体中挥发酚含量随着来源的减少在不断地下降。

23.4 结　　论

（1）在胶州湾西南沿岸水域的表层水体中，挥发酚含量从春季开始上升到夏季的高峰值，然后下降到秋季。4月、7月和10月，挥发酚含量的变化主要由雨量的变化来确定。因此，挥发酚含量的季节变化中，在夏季相对比较高。但由于是地表径流的输送，故挥发酚含量较低，水质没有受到挥发酚的污染。

（2）空间尺度上，6月的表层水体中挥发酚水平分布，时间尺度上，4月、7月和10月，挥发酚含量随着时间的变化都证实了这样的迁移过程：由于挥发酚被吸附于大量悬浮颗粒物表面，在重力和水流的作用下，不断地沉降到海底。于是，在表层水体中，随着远离来源挥发酚含量在不断地下降，同样，在表层水体中，随着来源含量的减少挥发酚含量也在不断地下降。

胶州湾水域挥发酚的垂直分布和季节变化证实了水体挥发酚的迁移过程。因此，了解胶州湾水域挥发酚的输送过程和迁移过程，可有效地帮助控制和改善当地环境状况。

参 考 文 献

[1] 刘红霞, 李琼.环境介质中挥发酚的监测技术现状与展望. 环境科学与管理, 2002, 37(6): 132-137.

[2] Yang D F, Chen Y, Gao Z H, et al. Silicon limitation on primary production and its destiny in Jiaozhou Bay, China Ⅳ Transect offshore the coast with estuaries. Chinese Journal of Oceanology and Limnology, 2005, 23(1): 72-90.

[3] 国家海洋局. 海洋监测规范(HY003.4-91). 北京: 海洋出版社, 1991: 205-282.

[4] 谢水波, 娄金生, 熊正为, 等. 石英砂滤床除苯酚的试验研究. 中国给水排水, 2000, 16(8): 8-11.

[5] 杨东方, 王凡, 高振会, 等. 胶州湾浮游藻类生态现象. 海洋科学, 2004, 28(6): 71-74.

第24章　胶州湾水域挥发酚的各种来源及输入量

24.1　背　景

24.1.1　胶州湾自然环境

胶州湾地理位置为东经 120°04′～120°23′，北纬 35°58′～36°18′，在山东半岛南部，面积约为 446km²，平均水深约 7m，是一个典型的半封闭型海湾。胶州湾入海的河流有大沽河和洋河，其径流量和含沙量较大，河水水文特征有明显的季节性变化[1~3]。还有海泊河、李村河、娄山河等小河流入胶州湾。

24.1.2　材料与方法

本研究所使用的 1983 年 5 月、9 月和 10 月胶州湾水体挥发酚的调查资料由国家海洋局北海监测中心提供。5 月、9 月和 10 月，在胶州湾水域设 9 个站位取水样：H34、H35、H36、H37、H38、H39、H40、H41、H82（图 24-1）。分别

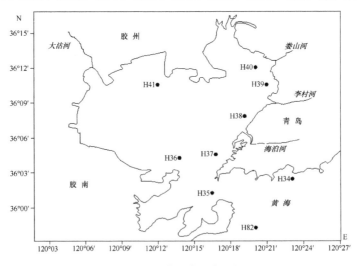

图 24-1　胶州湾调查站位

于 1983 年 5 月、9 月和 10 月 3 次进行取样，根据水深（＞10m 时取表层和底层，＜10m 时只取表层）进行调查采样。按照国家标准方法进行胶州湾水体挥发酚的调查，该方法被收录在国家的《海洋监测规范》（1991 年）中[4]。

24.2　含量及分布

24.2.1　含 量 大 小

5 月、9 月和 10 月，胶州湾沿岸水域和外海挥发酚含量比较高，北部沿岸水域挥发酚含量比较低。5 月、9 月和 10 月，挥发酚在胶州湾水体中的含量范围为 0.50～3.38µg/L，都没有超过国家一类海水的水质标准（5.00µg/L）。这表明在挥发酚方面，5 月、9 月和 10 月，胶州湾表层水体水质，在整个水域符合国家一类海水的水质标准（5.00µg/L）（表 24-1）。由于挥发酚含量在胶州湾整个水域都远远小于 5.00µg/L，说明在挥发酚含量方面，在胶州湾整个水域，水质清洁，没有受到挥发酚的污染。

表 24-1　5 月、9 月和 10 月的胶州湾表层水质

项目	5 月	9 月	10 月
挥发酚含量/（µg/L）	0.50～2.50	0.50～3.38	1.10～2.58
国家海水标准	一类海水	一类海水	一类海水

24.2.2　表层水平分布

5 月，在胶州湾东部的近岸水域 H37 站位，挥发酚含量较高（1.75µg/L），以东部近岸水域为中心形成了挥发酚的高含量区，形成了一系列不同梯度的半同心圆。挥发酚从中心的高含量（1.75µg/L）沿梯度递减到湾内中心水域的 0.90µg/L（图 24-2）。在湾外水域 H82 站位，挥发酚含量相对较高，为 2.50µg/L，以湾外站位 H82 为中心形成了挥发酚的高含量区，沿着胶州湾的海湾通道从湾外到湾内，形成了一系列不同梯度的平行线。挥发酚从中心的高含量（2.50µg/L）向湾内水域沿梯度递减到 0.50µg/L（图 24-2）。这说明在胶州湾水体中从外海域通过湾口，沿着从湾外到湾内的海流方向，挥发酚含量在不断地递减（图 24-2）。

9 月，在胶州湾东北部，娄山河和李村河的入海口之间的近岸水域 H39 站位，挥发酚的含量较高（3.38µg/L），以东北部近岸水域为中心形成了挥发酚的高含量区，形成了一系列不同梯度的半同心圆。挥发酚含量从中心的高含量（3.38µg/L）沿梯度递减到湾口水域的 0.70µg/L（图 24-3）。在胶州湾北部的近岸水域 H41 站位，

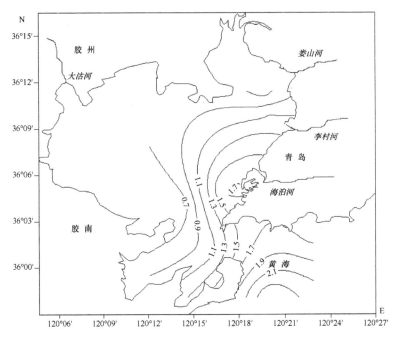

图 24-2　5 月表层挥发酚含量的分布（μg/L）

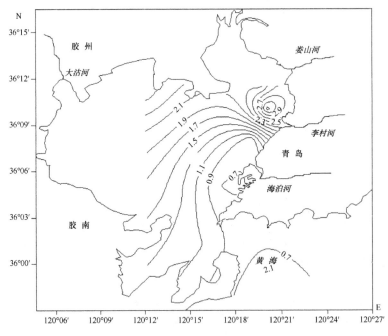

图 24-3　9 月表层挥发酚含量的分布（μg/L）

挥发酚含量较高（2.60μg/L），以北部近岸水域为中心形成了挥发酚的高含量区，形成了一系列不同梯度的平行线。挥发酚含量从中心的高含量（2.60μg/L）沿梯度递减到湾口水域的 0.70μg/L（图 24-3）。

　　10 月，在胶州湾东北部，娄山河和李村河的入海口之间的近岸水域 H39 站位，挥发酚的含量较高（2.58μg/L），以东北部近岸水域为中心形成了挥发酚的高含量区，形成了一系列不同梯度的半个同心圆。挥发酚含量从中心的高含量（2.58μg/L）沿梯度递减到湾口水域的 1.75μg/L（图 24-4）。在胶州湾西南部的近岸水域 H36 站位，挥发酚的含量相对较高（2.25μg/L），以西南部近岸水域为中心形成了挥发酚的高含量区，形成了一系列不同梯度的半个同心圆。挥发酚含量从中心的高含量（2.25μg/L）沿梯度递减到湾口水域的 1.75μg/L（图 24-4）。在胶州湾湾外的东部近岸水域 H34 站位，挥发酚的含量较高（1.90μg/L），以东部近岸水域为中心形成了挥发酚的高含量区，形成了一系列不同梯度的平行线。挥发酚含量从中心的较高含量（1.90μg/L）沿梯度从北向南递减到 1.10μg/L（图 24-4）。

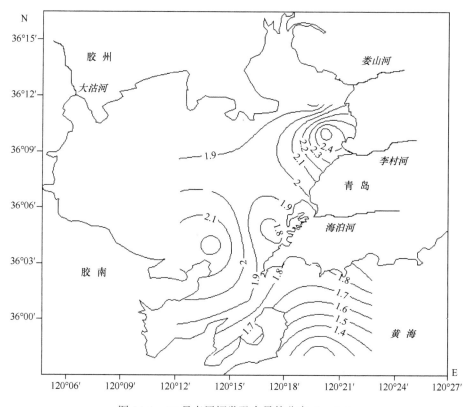

图 24-4　10 月表层挥发酚含量的分布（μg/L）

24.3 水质及来源

24.3.1 水　　质

5 月，挥发酚在胶州湾水体中的含量范围为 0.50～2.50μg/L，在胶州湾东部的近岸水域和湾外水域，挥发酚含量比较高，该水域受到挥发酚的轻微影响。9 月，挥发酚在胶州湾水体中的含量范围为 0.50～3.38μg/L，在胶州湾的东北部和北部的近岸水域，挥发酚含量比较高，该水域受到挥发酚的影响。10 月，挥发酚在胶州湾水体中的含量范围为 1.10～2.58μg/L，在胶州湾东北部和西南部以及湾外东部的近岸水域，挥发酚含量比较高，该水域受到挥发酚的轻微影响。因此，5 月、9 月和 10 月，胶州湾的沿岸水域挥发酚含量比较高，湾中心的水域挥发酚含量比较低。

5 月、9 月和 10 月，挥发酚在胶州湾水体中的含量范围为 0.50～3.38μg/L，都符合国家一类海水的水质标准，而且低于一类海水的水质标准（5.00μg/L）。这表明挥发酚含量非常低，没有受到人为的挥发酚污染。因此，在整个胶州湾水域，挥发酚含量符合国家一类海水的水质标准，水质没有受到任何挥发酚的污染。

24.3.2 来　　源

5 月，在胶州湾东部的近岸水域，形成了挥发酚的高含量区，这表明了挥发酚来自船舶码头的输送，其挥发酚含量为 1.75μg/L；在胶州湾水体中，从外海海域通过湾口，沿着从湾外到湾内的海流方向，挥发酚含量在不断地递减，这表明在胶州湾水域，挥发酚来自外海海流的输送，其挥发酚含量为 2.50μg/L。

9 月，在胶州湾东北部，娄山河和李村河的入海口之间的近岸水域，形成了挥发酚的高含量区，这表明挥发酚来自河流的输送，其挥发酚含量为 3.38μg/L；在胶州湾北部的近岸水域，形成了挥发酚的高含量区，这表明挥发酚来自地表径流的输送，其挥发酚含量为 2.60μg/L。

10 月，在胶州湾东北部，娄山河和李村河的入海口之间的近岸水域，形成了挥发酚的高含量区，这表明挥发酚来自河流的输送，其挥发酚含量为 2.58μg/L；在胶州湾西南部的近岸水域，形成了挥发酚的高含量区，这表明挥发酚来自地表径流的输送，其挥发酚含量为 2.25μg/L；在胶州湾湾外的东部近岸水域，形成了挥发酚的高含量区，这表明挥发酚来自地表径流的输送，其挥发酚含量为 1.90μg/L。

因此，胶州湾水域挥发酚的来源是面来源，主要来自河流的输送、地表径流的输送、外海海流的输送、船舶码头的输送。其来源不同，输送的挥发酚含量也不相同（表 24-2）。胶州湾水域挥发酚含量由低到高的来源变化为：河流的输送、湾内地表径流的输送、外海海流的输送、湾外地表径流的输送、船舶码头的输送。

表 24-2　胶州湾不同来源的挥发酚含量

不同来源	河流的输送	地表径流的输送		外海海流的输送	船舶码头的输送
		湾内	湾外		
挥发酚含量/（μg/L）	2.58～3.38	2.25～2.60	1.90	2.50	1.75

24.4　结　　论

　　5 月、9 月和 10 月，挥发酚在胶州湾水体中的含量范围为 0.09～3.33μg/L，都符合国家一类海水的水质标准（5.00μg/L）。这表明在挥发酚含量方面，5 月、9 月和 10 月，在胶州湾整个水域，水质没有受到挥发酚的污染。胶州湾水域挥发酚的污染源是面污染源，挥发酚的高含量区出现在许多不同区域：胶州湾东北部水域的娄山河和李村河入海口之间的近岸水域，胶州湾东部、北部、西南部的近岸水域，以及胶州湾湾外的东部近岸水域和胶州湾的湾外水域。这些水域的挥发酚高含量主要来自河流的输送、地表径流的输送、外海海流的输送、船舶码头的输送。这样，胶州湾水域挥发酚含量由低到高的来源变化为：河流的输送为 2.58～3.38μg/L、湾内地表径流的输送为 2.25～2.60μg/L、外海海流的输送为 2.50μg/L、湾外地表径流的输送为 1.90μg/L、船舶码头的输送为 1.75μg/L。因此，陆地河流和地表径流都没有受到挥发酚的污染，由此认为，在胶州湾的周围陆地上，还没有受到挥发酚的污染。而在船舶码头的挥发酚含量也非常低，人类在水体的活动几乎没有排放挥发酚。值得关注的是，外海海流的输送挥发酚的含量是比较高的。

参 考 文 献

[1] Yang D F, He H Z, Zhu S X, et al. Pollution level of volatile phenols in surface water in a bay in Shandong Province, eastern China. Materials, Environmental and Biological Engineering, 2015: 343-346.

[2] Yang D F, He X H, Gao J, et al. Vertical distribution and sedimentation of volatile phenols in Jiaozhou Bay. Materials, Environmental and Biological Engineering, 2015: 1103-1106.

[3] Yang D F, Chen Y, Gao Z H, et al. Silicon limitation on primary production and its destiny in Jiaozhou Bay, China Ⅳ Transect offshore the coast with estuaries. Chinese Journal of Oceanology and Limnology, 2005, 23(1): 72-90.

[4] 国家海洋局. 海洋监测规范. 北京: 海洋出版社, 1991.

第 25 章　胶州湾水域挥发酚的底层分布及发散过程

25.1　背　　景

25.1.1　胶州湾自然环境

胶州湾位于山东半岛南部，其地理位置为东经 120°04′～120°23′，北纬 35°58′～36°18′，以团岛与薛家岛连线为界，与黄海相通，面积约为 446km²，平均水深约 7m，是一个典型的半封闭型海湾。胶州湾入海的河流有十几条，其中径流量和含沙量较大的为大沽河和洋河，青岛市区的海泊河、李村河和娄山河等河流，这些河流均属季节性河流，河水水文特征有明显的季节性变化[1~4]。

25.1.2　材料与方法

本研究所使用的 1983 年 5 月、9 月和 10 月胶州湾水体挥发酚的调查资料由国家海洋局北海监测中心提供。5 月、9 月和 10 月，在胶州湾水域设 5 个站位取表层、底层水样：H34、H35、H36、H37、H82（图 25-1）。分别于 1983 年 5 月、

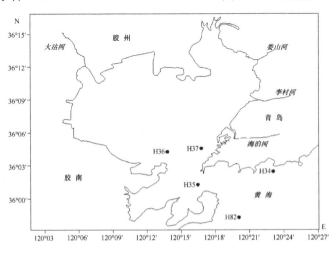

图 25-1　胶州湾调查站位

9 月和 10 月 3 次进行取样,根据水深(>10m 时取表层和底层,<10m 时只取表层)进行调查采样。按照国家标准方法进行胶州湾水体挥发酚的调查,该方法被收录在国家的《海洋监测规范》(1991 年)中[5]。

25.2　含量及分布

25.2.1　底层含量大小

5 月、9 月和 10 月,在胶州湾的湾口底层水域,挥发酚含量的变化范围为 0.25～1.95μg/L,都没有超过国家一类海水的水质标准。这表明 5 月、9 月和 10 月胶州湾底层水质,在整个水域符合国家一类海水的水质标准(5.00μg/L)(表 25-1)。

表 25-1　5 月、9 月和 10 月的胶州湾底层水质

项目	5 月	9 月	10 月
挥发酚含量/(μg/L)	0.25～1.85	0.40～1.25	1.10～1.95
国家海水标准	一类海水	一类海水	一类海水

25.2.2　底层水平分布

5 月、9 月和 10 月,在胶州湾的湾口水域,从湾口内侧到湾口,再到湾口外侧,在胶州湾湾口水域的这些站位:H34、H35、H36、H37、H82,挥发酚含量有底层的调查。那么挥发酚含量在底层的水平分布如下所述。

5 月,在胶州湾的湾口水域,从湾口内侧到湾口,再到湾口外侧,在湾口有一个低值区域,形成了一系列不同梯度的同心圆,以同心圆的中心为低值中心,由外部到中心降低,在外部的挥发酚含量为 1.85μg/L,沿梯度降低到 0.25μg/L(图 25-2)。

9 月,在胶州湾的湾口水域,从湾口内侧到湾口,再到湾口外侧,在湾口有一个低值区域,形成了一系列不同梯度的低值中心,由湾口外侧的外部到中心降低,在外部的挥发酚含量为 1.25μg/L,沿梯度降低到 0.40 μg/L(图 25-3)。

10 月,在胶州湾的湾口水域,从湾口内侧到湾口,再到湾口外侧,在湾口有一个低值区域,形成了一系列不同梯度的低值中心,由湾口外侧的外部到中心降低,外部的挥发酚含量为 1.95μg/L,沿梯度降低到 1.50μg/L(图 25-4)。在胶州湾湾外的东部近岸水域 H34 站位,挥发酚的含量达到较高(1.65μg/L),以东部近岸水域为中心形成了挥发酚的高含量区,形成了一系列不同梯度的平行线。挥发酚含量从中心的高含量(1.65μg/L)沿梯度向南部水域递减到 1.10μg/L(图 25-4)。

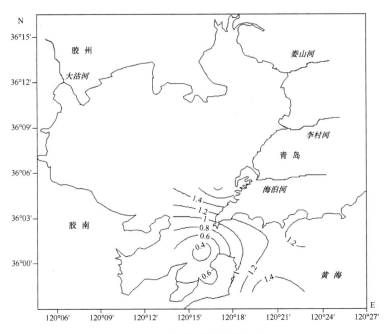

图 25-2 5 月底层挥发酚含量的分布（μg/L）

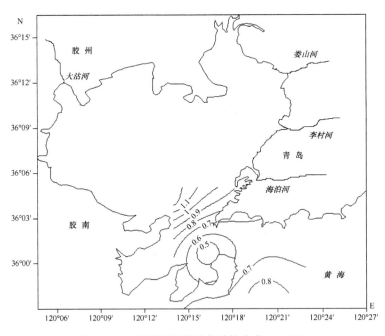

图 25-3 9 月底层挥发酚含量的分布（μg/L）

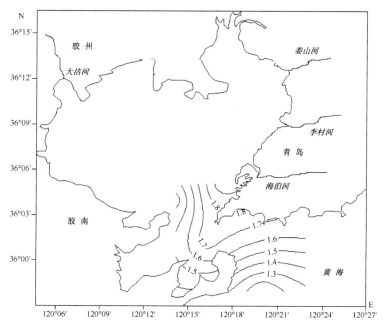

图 25-4　10 月底层挥发酚含量的分布（μg/L）

25.3　水质及来源

25.3.1　水　　质

在胶州湾水域，挥发酚来自河流的输送、地表径流的输送、外海海流的输送、船舶码头的输送。挥发酚先来到水域的表层，然后，挥发酚从表层穿过水体，来到底层。挥发酚经过了垂直水体的效应作用[6]，呈现了挥发酚在胶州湾湾口底层水域的变化范围为 0.25～1.95μg/L，远远小于国家一类海水的水质标准（5.00μg/L）。这展示了在挥发酚含量方面，胶州湾的湾口底层水域，水质清洁，没有受到挥发酚的污染。

25.3.2　发　散　过　程

胶州湾是一个半封闭的海湾，东西宽 27.8km，南北长 33.3km。胶州湾具有内、外两个狭窄湾口，形成了胶州湾的湾口水域。内湾口位于团岛与黄岛之间；外湾口是连接黄海的通道，位于团岛与薛家岛之间，宽度仅 3.1km。于是，胶州湾的湾口水域具有一条很深的水道，深度达到了 40m 左右。在湾口水道上潮流最强，

仅 M_2 分潮流的振幅即达 1m/s, 大潮期间观测到的瞬时流速甚至达到 2.01m/s[7]。

在胶州湾的湾口水域 H35 站位, 在水体底层中出现挥发酚的低值含量区: 5 月, 在水体底层中以站位 H35 为中心形成了挥发酚的低值含量区 (0.25μg/L)。9 月, 在水体底层中以站位 H35 为中心形成了挥发酚的低值含量区 (0.40μg/L)。10 月, 在水体底层中以站位 H35 为中心形成了挥发酚的低值含量区 (1.50μg/L)。

因此, 在胶州湾的湾口底层水域, 5 月、9 月和 10 月, 都出现了挥发酚含量的低值区。在这个水域, 水流的速度很快, 挥发酚的低值含量区的出现表明了水体运动具有将挥发酚含量发散的过程。

25.3.3　低　值　区

在海湾水交换研究方法中, 不仅在保守性物质情况下, 能确定海湾水交换时间, 而且在非保守性物质情况下, 也能确定海湾水交换时间的范围[8]。在海湾, 这些物质从湾底到湾中心, 到湾口, 经过了对流输运和稀释扩散等物理过程, 经过湾口与外海海水交换, 物质的浓度不断地降低, 展示了海湾水交换的能力。

在胶州湾的湾口底层水域, 5 月、9 月和 10 月, 都出现了挥发酚含量的低值区。形成了一系列不同梯度的低值中心, 由外部沿梯度降低到中心 (图 2-4)。同样的结果, 1983 年的 9 月, 在湾口表层形成了一个 PHC (石油烃) 含量的低值区域。1983 年的 5 月和 1985 年的 10 月, 在湾口表层和底层都形成了一个 Hg 含量的低值区[9]。这表明在胶州湾的湾口水域, 海流在经过湾口时流速很快, 这导致经过湾口的物质浓度降低, 如挥发酚、PHC 和 Hg 等物质都呈现了物质的低值区域。揭示了挥发酚经过了垂直水体的效应作用, 以及水流的低值性。

25.4　结　　论

5 月、9 月和 10 月, 在胶州湾的湾口底层水域, 挥发酚含量的变化范围为 0.25~ 1.95μg/L, 都符合国家一类海水的水质标准 (5.00μg/L)。这表明没有受到人为的挥发酚污染。因此, 挥发酚经过了垂直水体的效应作用, 在挥发酚含量方面, 在胶州湾的湾口底层水域, 水质清洁, 没有受到任何挥发酚的污染。

在胶州湾的湾口水域, 5 月、9 月和 10 月, 在水体中的底层都出现了挥发酚含量的低值区 (0.25~1.50μg/L)。并且形成了一系列不同梯度的同心圆, 以同心圆的中心为低值中心, 由外部到中心降低。在此水域, 水流的速度很快, 挥发酚含量低值区的出现表明水体运动具有将挥发酚含量发散的过程。

参 考 文 献

[1] Yang D F, He H Z, Zhu S X, et al. Pollution level of volatile phenols in surface water in a bay in Shandong Province, eastern China. Materials, Environmental and Biological Engineering, 2015: 343-346.

[2] Yang D F, He X H, Gao J, et al. Vertical distribution and sedimentation of volatile phenols in Jiaozhou Bay. Materials, Environmental and Biological Engineering, 2015: 1103-1106.

[3] Yang D F, Chen Y, Gao Z H, et al. Silicon limitation on primary production and its destiny in Jiaozhou Bay, China Ⅳ Transect offshore the coast with estuaries. Chinese Journal of Oceanology and Limnology, 2005, 23(1): 72-90.

[4] 杨东方, 王凡, 高振会, 等. 胶州湾浮游藻类生态现象. 海洋科学, 2004, 28(6): 71-74.

[5] 国家海洋局. 海洋监测规范. 北京: 海洋出版社, 1991.

[6] Yang D F, Wang F Y, He H Z, et al. Vertical water body effect of benzene hexachloride. Proceedings of the 2015 international symposium on computers and informatics, 2015: 2655-2660.

[7] 吕新刚, 赵昌, 夏长水. 胶州湾潮汐潮流动边界数值模拟. 海洋学报, 2010, 32(2): 20-30.

[8] 杨东方, 苗振清, 徐焕志, 等. 胶州湾海水交换的时间. 海洋环境科学, 2013, 32(3): 373-380.

[9] Yang D F, Zhu S X, Wang F Y, et al. Influence of ocean current on Hg content in the bay mouth of Jiaozhou Bay. 2014 IEEE workshop on advanced research and technology industry applications. Part D, 2014: 1012-1014.

第 26 章　胶州湾水域挥发酚的垂直
分布及季节变化

近几年，酚类污染事件频频发生，含酚废水是当今世界上危害大、污染范围广的工业废水之一，也是环境中水污染的重要来源。由于酚类化合物为细胞原浆毒物，属高毒性物质，严重威胁着环境和人体健康。因此，需要研究近岸海洋水体中挥发酚的垂直分布及季节变化[1,2]，这对挥发酚的污染水平以及对环境质量影响的研究有着重要的意义。本章通过 1983 年胶州湾挥发酚（volatile phenols）的调查资料，研究胶州湾的湾口表层、底层水域，确定表层、底层挥发酚含量的季节分布、水平分布趋势、变化范围以及垂直变化，展示胶州湾水域挥发酚含量的季节变化过程、沉降过程和底层挥发酚的低含量区域，为挥发酚在表层、底层水域的垂直沉降的研究提供科学依据。

26.1　背　　景

26.1.1　胶州湾自然环境

胶州湾位于山东半岛南部，其地理位置为东经 120°04′～120°23′，北纬 35°58′～36°18′，以团岛与薛家岛连线为界，与黄海相通，面积约为 446km²，平均水深约 7m，是一个典型的半封闭型海湾。胶州湾入海的河流有十几条，其中径流量和含沙量较大的为大沽河和洋河，青岛市区的海泊河、李村河和娄山河等均属季节性河流，河水水文特征有明显的季节性变化[3,4]。

26.1.2　材料与方法

本研究所使用的 1983 年 5 月、9 月和 10 月胶州湾水体挥发酚的调查资料由国家海洋局北海监测中心提供。5 月、9 月和 10 月，在胶州湾水域设 5 个站位取表层、底层水样：H34、H35、H36、H37、H82（图 26-1）。分别于 1983 年 5 月、9 月和 10 月 3 次进行取样，根据水深（＞10m 时取表层和底层，＜10m 时只取表层）进行调查采样。按照国家标准方法进行胶州湾水体挥发酚的调查，该方法被收录在国家的《海洋监测规范》（1991 年）中[5]。

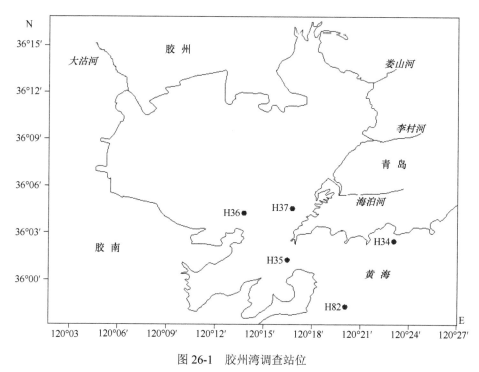

图 26-1　胶州湾调查站位

26.2　垂直分布及季节变化

26.2.1　表层季节分布

在胶州湾湾口水域的表层水体中，5 月，水体中挥发酚的表层含量范围为 0.50～2.50μg/L；9 月，挥发酚的表层含量范围为 0.50～1.38μg/L；10 月，挥发酚的表层含量范围为 1.10～2.25μg/L。这表明 5 月、9 月和 10 月，水体中挥发酚的表层含量范围变化不大（0.50～2.50μg/L），挥发酚的表层含量由低到高依次为 9 月、10 月、5 月。故得到水体中挥发酚的表层含量由低到高的季节变化为：夏季、秋季、春季。

26.2.2　底层季节分布

在胶州湾湾口水域的底层水体中，5 月，水体中挥发酚的底层含量范围为 0.25～1.85μg/L；9 月，挥发酚的底层含量范围为 0.40～1.25μg/L；10 月，挥发酚的底层含量范围为 1.10~1.95μg/L。这表明 5 月、9 月和 10 月，水体中挥发酚的底层含量范围变化也不大（0.25~1.95μg/L），不同月份挥发酚的底层含量由低到高依次为 9 月、5 月、10 月。因此，得到水体中底层的挥发酚含量由低到高的季节变化为：夏季、春季、秋季。

26.2.3 表底层水平分布趋势

在胶州湾的湾口水域，从胶州湾接近湾口内的近岸水域 H37 站位或者 H36 站位到湾口水域的 H35 站位。

5 月，在表层，挥发酚含量沿梯度降低，从 1.75μg/L 降低到 1.00μg/L。在底层，挥发酚含量沿梯度降低，从 1.85μg/L 降低到 0.25μg/L。这表明表层、底层的水平分布趋势是一致的。

9 月，在表层，挥发酚含量沿梯度降低，从 1.38μg/L 降低到 1.08μg/L。在底层，挥发酚含量沿梯度降低，从 1.25μg/L 降低到 0.40μg/L。这表明表层、底层的水平分布趋势是一致的。

10 月，在表层，挥发酚含量沿梯度降低，从 2.25μg/L 降低到 1.44μg/L。在底层，挥发酚含量沿梯度上升，从 1.35μg/L 上升到 1.75μg/L。这表明表层、底层的水平分布趋势是相反的。

5 月和 9 月，胶州湾湾口水域的水体中，表层挥发酚的水平分布与底层的水平分布趋势是一致的。而 10 月，胶州湾湾口水域的水体中，表层挥发酚的水平分布与底层的水平分布趋势是相反的。

26.2.4 表底层变化范围

在胶州湾的湾口水域，5 月，表层含量较高（0.50~2.50μg/L）时，其对应的底层含量就较高（0.25~1.85μg/L）。9 月，表层含量较低（0.50~1.38μg/L）时，其对应的底层含量就较低，为 0.40~1.25μg/L。10 月，表层含量较高（1.10~2.25μg/L）时，其对应的底层含量就较高，为 1.10~1.95μg/L。而且，挥发酚的表层含量变化范围（0.50~2.25μg/L）大于底层的（0.25~1.95μg/L），变化量基本一样。因此，挥发酚的表层含量高的，对应的底层含量就高；同样，挥发酚的表层含量低的，对应的底层含量就低。

26.2.5 表底层垂直变化

5 月、9 月和 10 月，在这些站位：H34、H35、H36、H37、H82，挥发酚的

表层、底层含量相减，其差为–0.75～0.95μg/L。这表明挥发酚的表层、底层含量都相近。

5 月，挥发酚的表层、底层含量差为–0.75～0.95μg/L。在湾口水域的 II35 站位和湾外水域的 H34、H82 站位都为正值，在湾口内水域的 H36、H37 站位为负值。3 个站为正值，2 个站为负值（表 26-1）。

表 26-1 在胶州湾的湾口水域挥发酚的表层、底层含量差

月份 \ 站位	H36	H37	H35	H34	H82
5 月	负值	负值	正值	正值	正值
9 月	正值	负值	正值	正值	负值
10 月	正值	负值	正值	正值	零值

9 月，挥发酚的表层、底层含量差为–0.38～0.68μg/L。在湾口内西南部水域、湾口水域和湾口外东北部水域的 H36、H35、H34 站位为正值。在湾口内东北部水域和湾口外南部水域的 H37、H82 站位为负值。3 个站为正值，2 个站为负值（表 26-1）。

10 月，挥发酚的表层、底层含量差为–0.20～0.90μg/L。在湾口内西南部水域、湾口水域和湾口外东北部水域的 H36、H35、H34 站位为正值。在湾口外南部水域的 H82 站位为零值。在湾口内东北部水域的 H37 站位为负值。3 个站为正值，1 个站为零值，1 个站为负值（表 26-1）。

26.3 沉 降 过 程

26.3.1 季节变化过程

在胶州湾湾口水域的表层水体中，5 月，挥发酚含量从高值（2.50μg/L）开始下降，逐渐减少，到 9 月达到最低值（1.38μg/L），然后开始上升，到了 10 月，则上升到较高值（2.25μg/L）。于是，挥发酚的表层含量由低到高的季节变化为：夏季、秋季、春季。

这是由于在春季挥发酚来自外海海流的输送，含量比较高。到了夏季，挥发酚来自河流的输送，到了湾口水域，挥发酚含量已经下降许多，故夏季的挥发酚含量比较低。到了秋季，挥发酚来自地表径流的输送，地表径流是在湾口附近水域，故秋季的挥发酚含量比较高。这表明在胶州湾湾口水域的表层水体中，挥发酚经过垂直水体的效应作用[6]，挥发酚表层含量的变化决定了挥发酚底层含量的

变化，同时，挥发酚在底层含量的累积作用下，展示了水体中底层的挥发酚含量由低到高的季节变化为：夏季、春季、秋季。

26.3.2　沉降过程

挥发酚经过了垂直水体的效应作用[6]，穿过水体后，含量发生了很大的变化。酚类分子量小，亲水性强，易与海水中的浮游动植物以及浮游颗粒结合。在夏季，海洋生物大量繁殖，数量迅速增加[4]，且由于浮游生物的繁殖活动，悬浮颗粒物表面形成胶体，此时的吸附力最强，吸附了大量的挥发酚离子，并将其带入表层水体，在重力和水流的作用下，挥发酚不断地沉降到海底[2]。挥发酚的迁移过程就是挥发酚从表层水体不断地沉降到海底的过程。

26.3.3　时间沉降

时间尺度上，5 月、9 月和 10 月，挥发酚含量随着时间变化也证实了沉降过程。根据挥发酚含量的表层、底层季节分布，水体中挥发酚的表层含量由低到高的季节变化为：夏季、秋季、春季。同样，水体中挥发酚的底层含量由低到高的季节变化为：夏季、春季、秋季。这表明，由于挥发酚被吸附于大量悬浮颗粒物表面，在重力和水流的作用下，挥发酚不断地沉降到海底。夏季的挥发酚表层含量小于春季，那么，夏季的挥发酚底层含量也小于春季。虽然秋季的挥发酚表层含量小于春季，可是由于挥发酚不断地沉降到海底，在海底累积，于是，秋季的挥发酚底层含量小于春季的。

26.3.4　空间沉降

空间尺度上，在胶州湾的湾口水域，5 月和 9 月，胶州湾湾口水域的水体中，表层挥发酚的水平分布与底层的水平分布趋势是一致的。这表明由于挥发酚被吸附于大量悬浮颗粒物表面，在重力和水流的作用下，不断地沉降到海底。

经过 5～9 月这么长的时间，挥发酚不断地沉降到海底，这样，挥发酚在海底不断地积累，导致挥发酚在海底的含量也在上升。到了 10 月，胶州湾湾口水域的水体中，表层挥发酚的水平分布与底层的水平分布趋势是相反的。

26.3.5　变化沉降

变化尺度上，在胶州湾的湾口水域，5 月、9 月和 10 月，挥发酚含量在表层、底层的变化量范围基本一样。而且，挥发酚的表层含量高的，对应的底层含量就高；同样，挥发酚的表层含量低的，对应的底层含量就低。这展示了挥发酚迅速地、不断地沉降到海底，导致了挥发酚在表层、底层含量变化保持了一致性。

26.3.6　垂直沉降

垂直尺度上，在胶州湾的湾口水域，5 月、9 月和 10 月，挥发酚的表层、底层含量都相近。这展示了挥发酚能够从表层很迅速地达到底层，在垂直水体的效应作用下，挥发酚含量几乎没有多少损失，其损失的范围为 0.25～0.30μg/L。因此，挥发酚含量在表层、底层保持了相近，在表层、底层，挥发酚含量具有一致性。

26.3.7　区域沉降

区域尺度上，在胶州湾的湾口水域，随着时间的变化，挥发酚的表层、底层含量相减，其差也发生了变化，这个差值表明了挥发酚含量在表层、底层的变化。当挥发酚从河流输入后，首先到表层，通过挥发酚迅速地、不断地沉降到海底，呈现了挥发酚含量在表层、底层的变化。胶州湾水域挥发酚主要来自河流的输送、湾内地表径流的输送、外海海流的输送、湾外地表径流的输送和船舶码头的输送。

5 月、9 月和 10 月，在湾口外东北部水域的 H34 站位，湾外地表径流的不断输送导致了表层的挥发酚含量始终大于底层的。

5 月、9 月和 10 月，在湾口水域的 H35 站位，无论胶州湾水域的挥发酚来自哪里，由于海流在经过湾口时流速很快，导致了经过湾口的物质浓度降低，尤其挥发酚经过了垂直水体的效应作用，以及水流的冲刷，底层的浓度出现了很低的值。这样，呈现了表层的挥发酚含量始终大于底层的。

5 月、9 月和 10 月，在湾口内东北部水域的 H37 站位，通过东北部的河流输送，挥发酚含量经过水体的输送来到了 H37 站位。这时，根据挥发酚沉降过程，挥发酚迅速地、不断地沉降到海底，并且不断地积累，导致了表层的挥发酚含量始终小于底层的。

在湾口内西南部水域的 H36 站位，这里的挥发酚来自于湾内地表径流的输送，而 5 月，湾内地表径流还没有，就呈现了表层的挥发酚含量小于底层的。9 月和 10 月，出现了湾内地表径流，就呈现了表层的挥发酚含量大于底层的。

在湾口外南部水域的 H82 站位，这里的挥发酚来自于外海海流的输送，于是，5 月，当外海海流向海湾输送了挥发酚，就呈现了表层的挥发酚含量大于底层的。9 月，当外海海流停止向海湾输送挥发酚，就呈现了表层的挥发酚含量小于底层的。10 月，当此水域一直没有输送挥发酚，就呈现了表层的挥发酚含量等于底层的，即这里水域的混合很好，挥发酚含量在表层、底层均匀。

26.4 结 论

挥发酚的表层含量由低到高的季节变化为：夏季、秋季、春季，挥发酚的底层含量由低到高的季节变化为：夏季、春季、秋季。这是由于挥发酚经过了垂直水体的效应作用，经过水体发生了变化。

时间尺度上，在胶州湾的湾口水域，5 月、9 月和 10 月，根据挥发酚含量的表层、底层季节分布，随着时间的变化，挥发酚的沉降过程决定了挥发酚在表层、底层的变化。空间尺度上，在胶州湾的湾口水域，挥发酚含量的沉降过程决定了下面的事实：5 月和 9 月，挥发酚含量在表层、底层沿梯度的变化趋势是一致的；而 10 月，挥发酚含量在表层、底层沿梯度的变化趋势是相反的。变化尺度上，在胶州湾的湾口水域，5 月、9 月和 10 月，挥发酚含量在表层、底层的变化量范围基本一样。垂直尺度上，挥发酚含量在表层、底层保持了相近，挥发酚含量几乎没有多少损失，在表层、底层，挥发酚含量具有一致性。区域尺度上，在胶州湾的湾口水域，挥发酚的来源不同，输送的挥发酚含量也不相同，这样，不同位置的水域决定了表层、底层挥发酚含量的变化：在湾口水域和湾口外东北部水域，表层的挥发酚含量始终大于底层的；在湾口内东北部水域，表层的挥发酚含量始终小于底层的；在湾口内西南部水域和湾口外的南部水域，表层的与底层的挥发酚含量是随着时间在变化的。

在胶州湾的湾口水域，挥发酚的垂直分布和季节变化展示了水平水体的效应作用和垂直水体的效应作用，也揭示了挥发酚的水平迁移过程和垂直沉降过程。

参 考 文 献

[1] Yang D F, He H Z, Zhu S X, et al. Pollution level of volatile phenols in surface water in a bay in Shandong Province, eastern China. Materials, Environmental and Biological Engineering, 2015: 343-346.

[2] Yang D F, He X H, Gao J, et al. Vertical distribution and sedimentation of volatile phenols in Jiaozhou Bay. Materials, Environmental and Biological Engineering, 2015: 1103-1106.

[3] Yang D F, Chen Y, Gao Z H, et al. Silicon limitation on primary production and its destiny in Jiaozhou Bay, China IV Transect offshore the coast with estuaries. Chinese Journal of Oceanology

and Limnology, 2005, 23(1): 72-90.

[4] 杨东方, 王凡, 高振会, 等. 胶州湾浮游藻类生态现象. 海洋科学, 2004, 28(6): 71-74.

[5] 国家海洋局. 海洋监测规范. 北京: 海洋出版社, 1991.

[6] Yang D F, Wang F Y, He H Z, et al. Vertical water body effect of benzene hexachloride. Proceedings of the 2015 international symposium on computers and informatics. 2015: 2655-2660.

致　　谢

细大尽力，莫敢怠荒。远迩辟隐，专务肃庄。端直敦忠，事业有常。

——《史记·秦始皇本纪》

此书得以完成，应该感谢国家海洋局北海环境监测中心主任姜锡仁研究员及监测中心的全体同仁；感谢上海海洋大学的副校长李家乐教授；感谢贵州民族大学党委书记张学立教授和校长陶文亮教授；感谢西京学院校长任芳教授。诸位给予的大力支持、提供的良好研究环境，是我科研事业发展的动力引擎。

在此书付梓之际，我诚挚感谢给予许多热心指点和有益传授的吴永森教授，使我开阔了视野和思路，在此表示深深的谢意和祝福。

许多同学和同事在我的研究工作中给予了许多很好的建议和有益帮助，在此表示衷心的感谢和祝福。

《海洋环境科学》编辑部韦兴平教授、韩福荣教授和张浩老师；《海岸工程》编辑部吴永森教授、杜素兰教授、孙亚涛老师；《海洋科学》编辑部周海鸥教授、张培新教授、梁德海教授、刘珊珊教授、谭雪静老师；Chinese Journal of Oceanology and Limnology 编辑部王森教授、虞子冶教授、任远老师、陈洋老师、陈肖玉老师；Meteorological and Environmental Research 编辑部宋平老师、杨莹莹老师、李洪老师；《海洋开发与管理》编辑部李正楼教授、陈文红教授、杨艳老师、孙草娃老师、侯京淮老师、陈婷老师，他们在我的研究工作和论文撰写过程中都给予许多的指导，并作了精心的修改，才使此书得以问世，在此表示衷心的感谢和深深的祝福。

今天，我所完成的研究工作，也是以上提及的诸位共同努力的结果。我们心中感激大家、敬重大家，愿善良、博爱、自由和平等恩泽给每个人。愿国家富强、民族昌盛、国民幸福、社会繁荣。谨借此书面世之机，向所有培养、关心、理解、帮助和支持我的人们表示深深的谢意和衷心的祝福。

沧海桑田，日月穿梭。抬眼望，千里尽收，祖国在心间。

杨东方

2018 年 5 月 8 日